口絵 1 サンゴ礁の礁斜面にアオリイカを追い込むための網を仕掛ける（2016年）

口絵2a　1965年の佐良浜の風景。中央は、埋め立てられる前の西の浜（USCAR広報局写真資料 12-4、沖縄県立公文書館所蔵）

口絵2b　英領北ボルネオの北ボルネオ水産株式会社の診療所に勤める佐良浜の女性（右）（写真 仲村渠よしこ氏提供、1941年ごろ）

口絵2c　航海安全を祈願するサンバシ願い。儀礼を行う場所は、かつて砂浜だったが、現在はガソリンスタンドの敷地となっている（2002年）

口絵 3a　各家庭では麦を発酵させて麹を起こし、味噌を作った（2000 年）

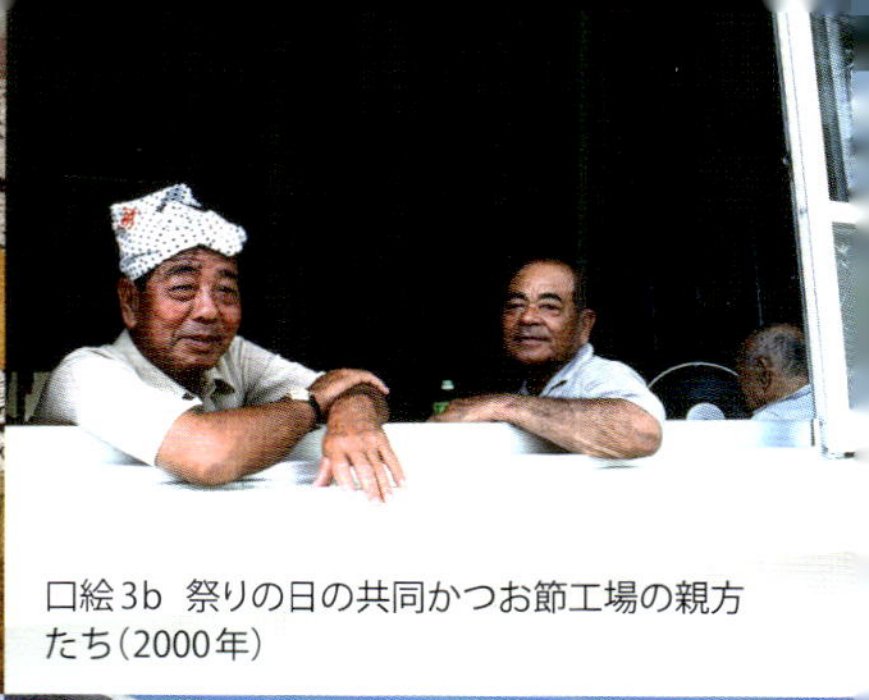
口絵 3b　祭りの日の共同かつお節工場の親方たち（2000 年）

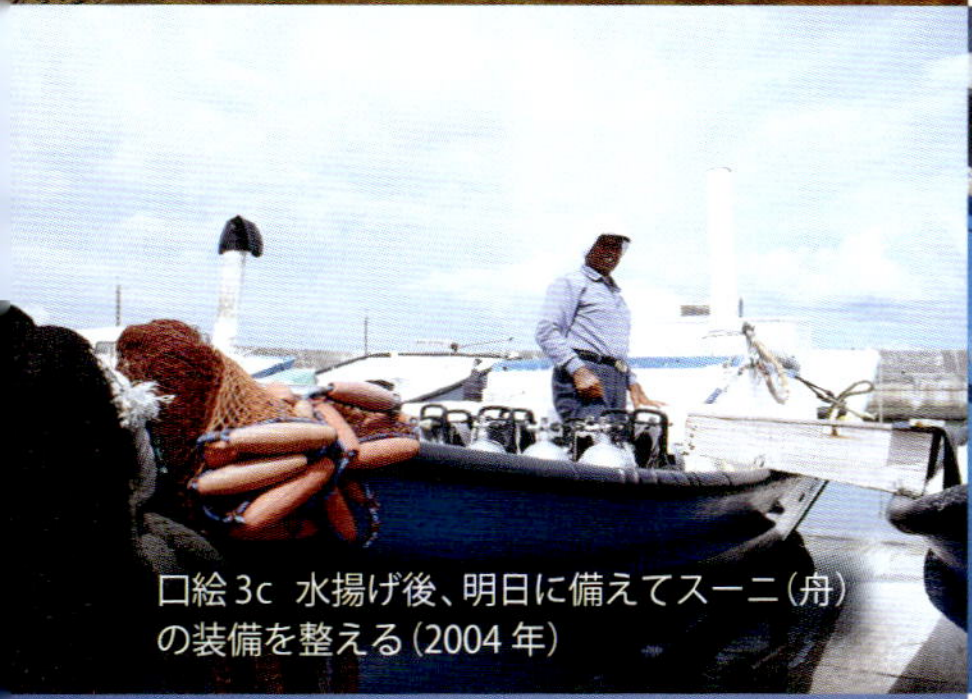
口絵 3c　水揚げ後、明日に備えてスーニ（舟）の装備を整える（2004 年）

口絵 3d「水揚げ？まぁまぁかな」（2004 年）

口絵 3e　八重干瀬でシャコガイを採る（2002 年）

口絵 3f　グルクン（タカサゴ科）を水揚げするアギヤー組（2004 年）

口絵 3g　アギヤー組は、漁師自らグルクンを大きさごとに仕分けし、出荷する（2001 年）

口絵 4a　イチモンジブダイ（メス）：方名 ンナカ・ピーキャ、おなか・裂ける（写真 國島 大河氏提供）

口絵 4b　イチモンジブダイ（オス）：方名 ジュンサ・イラウツ、巡査・イラウツ（写真 國島大河氏提供）

口絵 4c　キツネベラ：方名 アマン・ファヤ、ヤドカリ・食べる者（写真 下瀬 環氏提供）

口絵 4d　ナガブダイ（オス）：方名 ナガ・ウタヤ、長い・おでこ（写真 福地 伊芙映氏提供）

口絵 4e　ツノダシ：方名 ユヌンブ・秤（写真 下瀬 環氏提供）

口絵 4f　ミナミハコフグ：方名 クータンマ・木枕（写真 下瀬 環氏提供）

口絵 5 宮古諸島と八重干瀬の地図

6a

6b

6c

口絵6a　八重干瀬でアオリイカの群れを追い込む（2001年）

口絵6b　模造紙に八重干瀬の地図を描く（2001年）

口絵6c　描かれた地図の一部

口絵 7a　次々と舟が戻り、彩り鮮やかな魚が水揚げされる（2004年）

口絵 7b　舟が接岸すると、小売人たちが購入したい魚に目星をつけるために集まってくる（2004年）

口絵 7c　袋いっぱいのアオリイカを水揚げする素潜り漁師（2004年）

口絵 7d　漁協職員と仲買いの立ち会いのもと、計量する（2004年）

口絵7e　計量後、小売人が購入したい魚を選定する（2004年）

口絵 7f　平良港での露店販売（2004年）

口絵 8a　漁協下では、水揚げされたばかりの魚や貝類が販売される（2004 年）

口絵 8b　平良港での露天販売（2004 年）

口絵 8c　舟が戻ってくる午後 3 時過ぎには、今日の水揚げの様子を見ようと島の人びとが集まってくる（2004 年）

沖縄・素潜り漁師の社会誌

サンゴ礁資源利用と島嶼コミュニティの生存基盤

高橋そよ

コモンズ

沖縄・素潜り漁師の社会誌●もくじ

序章

本書の目的と構成

D'où venons-nous ? Que sommes-nous ? Où allons-nous ? P. Gauguin, 1897
（われわれはどこから来たのか われわれは何者か われわれはどこへ行くのか）
伊良部島（2016年８月）

1 本書の目的と視座

サンゴ礁の保全と持続可能な利用

本書の目的は、サンゴ礁を生業の場とする人びとが自然を利用する際に顕在化する生活戦略や社会経済的な活動、自然観などを含めた多様な側面に焦点をあて、サンゴ礁資源利用を成り立たせている島嶼コミュニティの生存基盤を総体的に明らかにすることである。

サンゴ礁は、熱帯海域に分布し、造礁サンゴなどの造礁生物によって形成された地形である（堀一九九〇）。サンゴ礁の地形は複雑な構造を示し、その海底（底質）は造礁サンゴが一面に繁茂している場所以外にも、砂地や泥地、礫底、岩場、海草藻場など環境変化に富んでいるのが特徴である。このような複雑な地形と多様な底質は、サンゴ礁の種多様性と深く関わっている。サンゴ礁が生物多様性の宝庫として重要視される一方、近年では、サンゴ礁域の藻場やガレ場（礫底）もまた、原生生物から脊椎動物まで、さまざまな生物が棲む場所として注目されている（向井 一九九五、藤田 二〇一六）。人びとは、このような多様な生物のなかから、有用性を見出したものを生物資源として利用してきた（秋道 二〇〇六、二〇一六）。

ところが、国連の環境プログラムの報告書によると、一九八四年から二〇〇四年の間に世界のサンゴ礁の約二〇％が失われ、残されたサンゴ礁も危機的な状況にあるという（UNEP 2006）。二〇〇四年には、サンゴ礁に関する最大の国際会議である国際サンゴ礁シンポジウムが沖縄で開催され、筆者も参加した。会議には研究者だけではなく、環境政策を担当する行政実務者やＮＧＯ関係者、技術者など多くの人びとが世界中から集まり、サンゴ礁の保全と管理に向けた活発な議論が行われた。

会議で注目を集めたのは、サンゴ礁衰退の原因として、埋め立てや土砂流出などの開発や過剰な漁獲、観光などのローカルな活動の影響に加えて、大気中の二酸化炭素濃度上昇による海表面温度上昇や炭酸イオン濃度減少、海面上昇などのグローバルな環境変動によるサンゴへのストレスである。そして、「危機にある世界のサンゴ礁の保全と再生に関する沖縄宣言」が採択され、以下の四点が提言された(ICRS 2004)。

①持続可能なサンゴ礁漁業を達成する。
②サンゴ礁において、効果的な海洋保護区を増やす。
③土地利用の変化による影響を改善する。
④サンゴ礁再生の新たな技術を開発する。

しかし、この大会から一五年近くを経てなお、沖縄のサンゴ礁保全をめぐる状況は、陸域からの赤土流出や水質汚染、オニヒトデの大量発生、サンゴの白化などの問題をかかえ、改善の糸口を見出せたとはいいがたい。このような地球規模で拡大する環境問題に対して、二〇一〇年に名古屋で開催された生物多様性条約第一〇回締約国会議では「戦略計画二〇一一―二〇二〇」と個別目標として「愛知目標」が決議され、二〇二〇年までに生物多様性の損失を止めるための国家的な行動計画を策定することが締約国の義務とされた。

行動目標（愛知目標）は合計二〇に及ぶ。海洋生態系の保全に関しては、持続可能な漁業の促進（目標⑥）やサンゴ礁など気候変動などによる影響に脆弱な生態系への対策（目標⑩）、海洋保護区などの設置（目標⑪）などが制定された。さらに愛知目標の大きな特徴の一つとして、目標⑱「伝統的知識が尊重され、主流化される」ことによって、自然を利用してきた人びとの伝統的な暮らしや知識が脚光を浴びるようになった点が挙げられる。

サンゴ礁の保全と持続可能な利用を検討するうえでも、自然と人の関わりの理解は重要である。そこで、本書では、サンゴ礁資源利用の実態を資料としてできるかぎり詳細に記述し、その過程で人びとのもっている海や魚の生態に関する民俗知識、漁法と漁場選択、さらに漁撈活動の社会経済的諸要素との関係について考察することを目的とする。本書では、サンゴ礁を生業活動の舞台とする素潜り漁師に注目し、次の二つのアプローチから探っていきたい。

第一に、どのように生物資源を利用しているのか、漁師の自然利用を手がかりにしていく。具体的には、人びとがどのように海を認識し、どのように漁撈活動を営んでいるのか、その生計様式を参与観察に基づく資料から具体的に記述する。さらに、漁撈活動の違いがどのようにサンゴ礁の利用に影響を与えているのか、資源利用のあり方について解明する。

第二に、漁撈活動と社会経済的諸要素との関係性に注目する。ここでの対象は、換金のために魚を捕獲している漁師だ。いい換えれば、売れる魚を漁獲対象としている漁師である。陸に上がった生産物は、買い手がいて初めて商品として流通できる。では、魚は生産者の手からどのように売られていくのだろうか。そして、社会生活のあり方は漁撈活動にどのような影響を与えているのだろうか。

漁師の生業活動は、陸地における社会経済的な条件と切り離しては考えられない。具体的な事例から、自然と人、そして社会経済との関わりについて記述・分析することは、どのように地域社会の人びとが激動する現代社会を認識し、解釈し、対処して生きようとしているのか、人びとの暮らしの動態の解明と同意義となるだろう。そして、本書の対象地域を沖縄の離島におくことで、政治経済的な周辺におかれた人びとがどのように自然と向き合ってきたのか、その生き様を描き、沖縄のもうひとつの戦後史を記述していきたいと考えている。

本書の視座

人間の暮らしを自然との関わりのなかから解明しようという視点は、生態人類学的方法論によって、一九六〇年代以降、狩猟採集民や漁撈民など自然を利用して生きる人びとの生計活動や食物分配、食生活、社会組織について徹底的な観察がなされ、全体論的に検討されていく。具体的には、生業活動や技術について定量的な資料が地道に集積され、自然条件への適応のあり方や民俗知識が明らかにされた。

初めに、本書における問いを検討する前に、「生態」という用語について整理しながら、本書では人間と自然との関係性をどのように捉えるのかを提示しておきたい。渡辺仁は、人間の生活とは、相互に関連するさまざまな活動から成る活動系であり、活動主体の認知する環境へ適応するための手段であると述べている〔渡辺 一九七七〕。そして、環境を主体的環境と客体的環境の二つに区別した。前者は、活動する主体に理解され、またその活動を条件付ける。後者は、西欧的近代科学に基づいて理解されるという。

渡辺によると、主体的環境は、単純に物質的側面としてだけでは捉えられず、超自然的側面や芸術などの諸側面と渾然一体となって形成される。そして、このような視点から、人びとの理解する環境を捉えるとき、物質的な自然や社会・文化的諸要素の区別は判然とせず、渾然一体となった人びとの世界観が創り出されるという。さらに、生態とは、このように人びとが理解する環境へ、どのように関わり、生きようとしているのかという生活の営み全体として捉えられると述べている。

このように、人びとの生計活動が物質的なものと精神的なものが区別されることなく一体となっていることは、多くの研究からも報告されるようになった。伝統的な生態学的知識（Traditional Ecological Knowledge: TEK）の概念を定義したF・バークスは、ローカルな人びとがもつ生態学的知識とは、単なる知識や実践の体系ではなく、知識や実践、そして信仰の総体であると述べている（Berkes 1993）。生存のために自然と向き合って体得してきた知識とは、つまるところ、その土地に生きる人びとの世界の理解のあり方の基盤となる。

本書の視点も、これらの問題意識に重なる。本書では、生態を「人びとが認識する自然環境での生計活動のあり方」として捉えたい。また、生計活動のなかでも資源利用について注目し、技術的側面と社会経済的側面の領域が絡み合ったものとして総体的に分析していきたい。

一九九〇年代になると、人間と自然の関係性をめぐる研究では、環境学や政治生態学によって、政治経済的な視点がより強調されるようになる。とくに、生産から消費にわたる一連のメカニズムを解き明かすことが重要視された。

T・J・バセットは、政治生態学の視点として、①さまざまな側面から捉えた人間と環境の関係を歴史的文脈から分析する、②グローバルな経済に取り込まれていく過程において、資源利用の伝統的システムの変容を歴史的に捉える、③農家の土地利用パターンと国家干渉の分析、④生産や交換をめぐる社会関係の変化に対するローカルなレベルでの対応、⑤地域の特殊性への考慮を挙げている(Bassett 1988)。つまり、これまでの生態人類学的研究において看過されがちであったローカルなレベルにおける人びとの自然利用やその文化と、より広い政治経済システムとの関係を捉えることの必要性を指摘した。

ところが、漁撈社会について、このような視点から分析した研究はいまだ多いとはいえない。R・ファースは、マレー半島東岸の農村と漁村を対象として、その社会構造を比較分析した(Firth 1966)。漁撈活動によって得られた生産物は、農産物と異なり、長期間の保存は難しい。この点に着目し、漁村では仲買いに融資をしてもらうなど、さまざまなリスク分散の対処方法がとられていることを明らかにした。

また、飯田卓は、マダガスカル南西海岸部における農村と漁村の比較研究から、生業の違いによって対照的な生計戦略が営まれていることを論じている。物価上昇のリスクに対して、農村では生産物の自給率を高めるか、積極的に売却するという。一方、漁村の暮らしはより強く市場経済に依存し、人びとは輸出向けの高額で取引されるナマコやフカヒレなどを漁獲するために遠隔地へ出漁し、現金収入の最大化を目指す傾向があるという(飯田 二〇〇一)。

さらに、田中雅一は、スリランカ漁村を対象に、地曳網漁をめぐる歴史的変動と前金などの負債といった、より個人的な経済活動との結びつきを分析している。そして、網子の網元への負債は、当事者間に親密な人間関係をつくるだけではなく、共同体の境界の維持に寄与していることを指摘した（田中二〇〇六、二〇〇七）。これらの研究が指摘するように、漁撈社会は強く市場経済と結びついているため、社会経済的な動態に目を向けることは重要である。

加えて、最近の生業研究によって、このような社会経済的動態に対して生計活動を自然に依拠する人びとがどのように対処しているのか、その生活戦略や社会に埋め込まれた生存維持保障の仕組みが明らかにされてきた。自然に生計活動を依拠する人びとの安全管理に注目した菅豊は、人びとが直面するリスクを二つの側面から捉える。

ひとつは、資源と人間との直接的な関係に現れるものであり、もうひとつは人間と人間の関係に現れる間接的な問題である。たとえば、前者には水という資源をめぐる旱魃や洪水などの現象があるという。人びとは、手をこまぬいてそのリスクに甘んじるのではなく、溜め池を造ったり、家や耕地を高台につくったりして、土木技術を発達させながら対応してきた。さらに、後者については、人間の行動をコントロールする社会的な技術が駆使されるという（菅二〇〇五）。その土地の資源を利用しながら生きてきた人びとは、さまざまなリスクに対して、なるべくそれを軽減するよう努力をしてきた。

本書が取り上げる沖縄は、亜熱帯性の豊かな自然に恵まれ、多種多様な動植物が生息するなど生物多様性に富む。ところが、このような特徴的な自然環境にありながら、自然と人との関わりの変容についてこれまで十分に研究されてきたとはいえない。
松井健は、とくに一九七二年の日本本土復帰以後の急速な社会経済的な変化と自然を利用して生計を立ててきた人びとの、生業や暮らしに関する資料と分析が欠如していることを指摘している。そして、こうした状況に対して、急速に変化する沖縄の環境史をまとめることの必要性を強調する（松井（編）二〇〇〇）。戦争経験やアメリカによる統治、「本土なみ」というスローガンを掲げた振興政策など、政治経済的な権力の変動に揺さぶられながら、自然に生計活動を依拠する人びとは、どのように自然と向き合いながら生きてきたのだろうか。本書は、こうした問題意識に基づいている。

そこで、本書では、フィールドワークに基づく具体的な事例から自然と人との関係性を詳細に記述することで、自然を利用する際に顕在化するさまざまな政治性や社会経済的活動、自然観などを含めた多様な側面について把握し、分析していきたい。それは、これまでの生態人類学的方法論が強みとしてきた具体性に寄り添った記述を生かしながら、自然に生業を依拠する人びとがどのように現代社会の動態に対処して生きているのかを明らかにすることである。

2　沖縄のサンゴ礁自然利用をめぐる研究動向

沖縄における漁撈研究は、どのような視点から捉えられてきたのだろうか。本書では①漁撈技術と民俗知識、②漁撈活動を支える社会生活の二つの視点から整理する。

漁撈技術と民俗知識

沖縄やトカラ列島などの南西諸島では一九七〇年代後半に、生態人類学的手法によって、生業活動やそれを支える技術について定量的な資料が地道に集積され、つぶさに記述された。これらの研究によって、人間と自然との関係をめぐる生態的・技術的側面が次々に明らかにされていく。

たとえば、沖縄の大神島《おおがみ》や久高島《くだか》を調査地域とした市川光雄や寺嶋秀明は、サンゴ礁という自然環境の特性や経済的条件下において、「漁場―水族（引用者注――海洋生物）―漁法」の多様性が漁撈活動の多様性や分散化を可能にしていることを論じた（市川 一九七七、寺嶋 一九七七）。また、五十嵐忠孝は、トカラ列島の漁撈活動を調査対象として、伝統的な測位技術（ヤマアテ）について詳細な観察から分析を行った（五十嵐 一九七七）。なかでも、当時の生態人類学的研究で焦点が当てられたのは、環境条件に対して、人びとがどのように認識し、活動するのか、その適応のあり方である。このように生計活動を支える「自然を生きる技術や技能」は、いうなれば、人びとが絶えず変化する自然と格闘しながら育んできた知識に裏打ちされている（篠原 二〇〇五）。

松井健は、琉球列島の八つの島を調査地域として、貝類や魚類の民俗分類について調査した（松井 一九八九、Matsui 1981）。資料として浜辺から採集した標本を基礎に、島の人びとから、その島固有の呼び名（以下、方名）や分類について聞き取りを行ったのである。貝類の分類では、とくに二枚貝の分類に、顕著に二つの形式があるという。つまり、方名が分類学上の種にほぼ一対一で対応する個別名型と、ひとつの方名が複数の生物種に対応する類別型である。こうして松井は、民俗分類は、差異に着目して分ける一意性と、同一性に着目してまとめる類別性からなる構造をもつことを明らかにした。さらに、民俗分類の構造は、このように厳密で精妙に組み立てられるとともに、一方では、分類の変異が可能な融通性をもつことを指摘した（松井 一九八九）。

だが、人びとが身のまわりの自然について独自の方法で名づけ、分類するという認識のあり方は、日常生活のなかで用いられる民俗知識の形式的な一部分といえるだろう。松井も、島の人びとと行動をともにすることによって、日常的に応用される民俗知識は民俗分類の知識よりも、はるかに幅が広く、そしてきめの細かいものであると指摘している（松井 一九八九）。

同じ時期に、八重山諸島で、植物の命名と分類・利用について調査した山田孝子は、植物の方名を成り立たせている語彙素を分析し、基本名をもつものと基本名に属詞が加わった対照名をもつものがあることに注目した（山田 一九八四）。山田によると、基本名をもつ植物は、花や葉などの形質や生息場所、有用性などが同定するための弁別的な特徴（基本的な単体）として着目されているが、基本名に属詞が加わる対照名を与えられた植物は、同じ基本名をもつ植物との類似性と差異が着目されているという。そして、これらの属詞には、「赤／白」という八重山地方の宗教的な象徴性や「男／女」という性、「本当の／にせの」という有用性などの文化的メタファーが用いられることを指摘した。そして、次のように述べる。

「これらの例が示すように、植物の類別は、単に植物の区分として機能するばかりでなく、人々の世界観、双分的シンボリズムの投影された構造をもつものであるといってよいであろう」（山田一九八四：一三一）。

自然との関わりは、人間がどのように自然物を認知し、分類し、体系化するのかという構造的な側面だけではなく、日常の暮らしのなかでどのようにそれらを利用しているのかという実践的な側面もまた、重要な問題といえるだろう。

一瞬たりとも同じ姿を見せない海という自然環境で営まれる漁撈活動は、常に危険と隣り合わせの生計活動である。身を守るため、そしてその日の糧を得るため、人びとは海や生物に関する知識を蓄積してきた。とくに、沖縄や奄美諸島の海には、生物が育んだ地形であるサンゴ礁が豊かに発達している。このような特徴的な海底地形に関する民俗知識について、サンゴ礁微地形の分類（堀一九八〇、島袋 一九九〇、渡久地・高田 一九九一、目崎 二〇〇一、二〇一一a、二〇一五など）や漁場となる場所の地名（竹川 二〇〇三、高橋 二〇〇四b、渡久地 二〇一一b、二〇一七）が取り上げられてきた。

また、漁法や魚の行動に影響を与える潮汐現象や漁獲対象となる生物の生態学的な知識（須藤一九七八）など、漁撈活動を支える民俗知識も明らかにされてきた。三田牧は、底延縄《そこはえなわ》漁を営む糸満漁師の「海を読む」知識に注目した。底延縄漁は、フエフキダイ科のハマフエフキやアマクチビ、シロダイなどの底魚を対象とした漁法である。三田は、糸満漁師がどのように漁場や天気、潮に関して知識を得るのかを丁寧な聞き取りにより報告した。そして、魚群探知機やＧＰＳ（Global Positioning System：全地球測位システム）などのテクノロジーや天気予報などの科学的情報を土地の文脈に合うものに翻訳して、経験的知識に新たな意味を与えて再生していると述べる（三田 二〇〇四、二〇一五）。

石垣島で調査した竹川大介は、糸満系漁撈民による追い込み網漁の技術に注目した。そして、スキューバダイビングや魚群探知機といった新しいテクノロジーを進取する漁撈民の身体性について分析し、漁撈活動が変わり続けながら存続していることを明らかにしている（竹川 一九九六）。

原子令三は五島列島嵯峨ノ島の事例から、設備の機械化と投資、商品経済化の影響を受ける漁業の産業化について、「海が工場のようなものになり、人間と自然の関係が希薄化していく過程である」と述べている（原子 一九七二）。魚群探知機やGPSの導入によって、経験を問わず、どの漁師も目的地まで正確に導かれ、漁場のどの深度に魚がいるかを知ることが可能になった。その結果、ヤマアテや魚の行動などに関する生態学的な民俗知識、あるいは「名人」と称えられる個人的な技は、衰退しようとしているかのようにもみえる。

しかし、久高島を調査地域に、外洋での新しい漁法であるパヤオ漁やソデイカ漁に乗り出した漁師たちの取り組みについて分析した内藤直樹は、「従来みえなかった深海の状況が新たにみえるようになったのだが、そこではまた別種の新しい『技量』の必要性が生まれてくる」と指摘している（内藤 一九九九）。そして、深海の生物という新しい対象の発生に対し、漁具や漁法に工夫をこらしていることを報告し、このように新しい技術を創造しようとする姿勢から、漁業が産業化されたからといって人間と自然との関係が希薄化したわけではないと指摘する。つまり、技術が機械化され、自然を読む効率が高まったとしても、その予測は依然不確実で、そこで何らかの成果を上げようとする漁師は自然を読み続け、獲物との終わりなき「知恵比べ」を繰り返す。

むろん、海の獲物を狙うのは男性だけではない。沖縄の浜辺では、大潮のころ、アーサなどの海藻やサザエなどの貝類を採集する女性たちの姿が見られる。人類学や地理学において、このような潮干狩りをする女性たちが育んできた民俗知識や地先の海の利用も注目されてきた（熊倉 一九九八、高山 一九九九）。熊倉文子は、海浜採集を行う女性の知識と活動について久高島で調査し、サンゴ礁地形や潮の満ち引き、採集対象とする生物に関する民俗知識を詳細に記述した。そして、獲物を探しながら海を歩くことが「よころび」の経験であると指摘する。

また、魚売りの女性の民俗知識に注目した川端牧は、漁師から魚売りの女性の手に渡った魚は、売り手と買い手とのやり取りのなかで、薬としての価値や調理方法などの文化的な意味が埋め込まれると論じている（川端 一九九八）。本書でも、人びとがどのように自然を捉えているかという問題について、人びとの日常的な暮らしや実践的な生業活動のなかから具体的に明らかにしてきたい。

漁撈活動を支える社会生活

沖縄の漁撈研究において、社会生活のあり方がどのように漁撈活動に影響を与えているのかという視点から分析した研究は、それほど多くない。魚売りについては、とくに、糸満を中心とした漁家における家庭内の性的分業が注目されてきた。沖縄では、一九三三（昭和八）年に卸売市場が開設された以後も、多くの地域で夫や父親が獲った魚を、その妻や娘である女性たちが売り歩く行商の方法がとられてきた（河上 一九一一、野口 一九六九）。

糸満女性の魚売りについて調査した野口武徳は、夫と妻が、漁師と魚売りという立場によって、家計経済を別のものとして明確に構造化していると指摘する（野口 一九七二）。また、今村薫は、石垣島登野城《とのしろ》地区を調査地域として、魚の仕入れや小売が、「ウキジュ」と呼ばれる個人と個人の交渉によって行われていることに注目した。夫から妻の手に移動して初めて商品となった魚は、漁師の妻の見知った二者間で売買されるという。つまり、ウキジュ関係における売り手と買い手は、利潤に動機づけられた経済的な活動を行うと同時に、受け取ることと与えることをめぐる義務と権利によって結びつけられた「対等」な社会関係をつくりあっているのだ(今村 一九八九)。

これらの研究では、漁師によって得られた魚や富の行方などの社会経済的な関係に主たる関心がおかれている。社会経済的な諸要因がどのように漁撈活動や資源利用に影響を与えているのかは、論じられてこなかった。

一九九〇年代に入ると、沖縄の多くの漁村では、全国的な健康志向の影響を受けてモズクの需要が増え、養殖が盛んになっていく。伊谷原一と北西功一は、沖縄島北西の伊平屋《いへや》島と伊是名《いぜな》島を調査地域に、モズク養殖が浸透する過程を漁撈技術と社会変容から捉えた(伊谷 一九九〇、北西 一九九二)。

また、パヤオ漁(三七ページ参照)という外洋での新しい漁業に注目した内藤直樹は、沖縄の久高島において、「産業としての漁業」をめぐる人間と自然との関係性について考察した(内藤 一九九九)。その後、再び久高島を訪れた内藤は、顔なじみの漁師たちが陸上で海ブドウという海藻の養殖やドラゴンフルーツの栽培などの「陸の仕事」を始めようとしていることに当惑を覚えたという。このような生業変容について内藤は、個人の小規模な試みに注目し、その時々の社会経済的背景のなかで、伝統的技術の敷居を越えて、生業活動が絶え間なく革新され続けてきたことを詳細に描いている。

漁業には、外部市場の影響を大きく受ける商品価値の不安定性や予測の難しい自然条件のなかでの漁獲の不確実さなどがつきまとう。だが、人びとは必要に応じて、既存の知識や技術を柔軟に運用し、取捨選択し、そして更新してきた（内藤 二〇〇三）。漁撈をめぐる知識や技術とは、規範的なものではなく、常に状況に応じて再構築される。漁撈活動をめぐる自然と人との関係性を解明するためには、その背景となる地域の社会経済的な個別性へ着目することが必要である。

そこで、本書は、民俗知識や技術的側面からだけではなく、社会経済的側面も含め、資源利用という漁撈活動を総体的に明らかにしていきたい。

3 調査方法

一見、水平線の彼方まで連続しているかのように見える海は、漁師の目を通すと、海底の構造や底質、潮の流れなどの多彩な変化に富んだ空間として立ち現れる。ところが、このように漁師個人の内側に理解されている漁撈活動の知識とは、必ずしも言葉によって明示化されるとは限らない。それゆえ、こうした知識や自然観について把握するためには、日々の暮らしのなかで繰り広げられる自然との関わりから探ることが重要となるのはいうまでもない。

本書の調査地域は、沖縄県宮古諸島のひとつである伊良部島《いらぶじま》佐良浜《さらはま》地区である。二〇〇〇年から二〇一七年にかけて、通算一六回、合計約一年一〇カ月あまりのフィールドワークを行った。二〇〇〇年五月の最初の予備調査以降、素潜り漁を営む漁師の家にお世話になってきた(高橋二〇一八)。一緒にスーニガマと呼ばれる小舟に乗りながらの一連の漁撈活動の参与観察、魚に関する民俗分類や知識に関する聞き取りを中心に、生態人類学的調査を行ってきた。また、沖縄島では、沖縄県立公文書館や県庁を中心に、文献資料を収集した。本書で扱う主な資料は、二〇〇〇〜二〇〇五年の調査に基づく。(1)

そして、伊良部島滞在中の雨の日には、軒下で網の修理をしている漁師に魚の習性、風や波の読み方、漁場となるサンゴ礁の特徴などを聞き取りし、参与観察をしたときに疑問に思ったことを確認した。そこで語られる話は、その漁師がどのように自然を理解しているのかという主観的な実践の記憶であり、海とともに生きてきた個人の歴史そのものであった。そのため、しだいに個人や島のコミュニティのあり方に着目し、ライフヒストリーの聞き取り、魚取引のやり取りや島の暮らしのなかで大切にされている個々人の行動とその動機といった社会生活に目を向けていった。

さらに、島に通うたびに、人びとはサンゴ礁とどのように関わり、生きてきたのかという問いへ、その暮らしに私自身の身も寄せ、共に時間が経過するといった、ゆっくりとした日々を共有するなかで近づこうと考えるようになった。ときには「今日も、おばあの家の掃除をして、ご飯をつくって、一緒に食べて、世間話をするだけで日が暮れてしまった」と落ち込んだこともある。しかし、おばあの昔話を聞くなかで、戦前に沖縄から太平洋や東南アジアへかつお節移民として渡っていた沖縄の地域史の一部を垣間見ることもあった。海や魚の習性を熟知し、合理的に漁獲していると思っていた若手漁師との雑談のなかで、「明日は、サイの日だから、夜の漁には行かないよ」といった佐良浜固有の信仰的なおそれに基づいた行動規制について聞くこともあった。

こうした共に過ごす日常生活の何気ない一言に、この島の人びとがどのように自然と関わりながら暮らしてきたのかを理解するヒントが隠されていた。だから、ただぼんやりと時間が過ぎたように感じた日も、この島の暮らしを理解するうえで必要だったと考えている。

4 本書の構成

本書は全7章からなる。

序章では、問題の所在と目的を提示し、沖縄における漁撈研究を、①漁撈技術と民俗知識、②漁撈活動を支える社会生活の二側面から論じた。

第1章では、本書が対象とする調査地について、自然環境や社会関係、生業について概観した後、文献資料と聞き取りから収集したライフヒストリーをもとに、水産資源の商品化と地域史を再構成する。それをとおして、漁撈という生業《なりわい》は、自然環境についての鋭い観察眼の上に成り立つだけではなく、政治経済的動態と大きく関わることを歴史的に示す。

第2章では、潜水による漁法を営む漁師に着目し、聞き取りや魚カードを用いた調査結果をもとに、漁撈活動を支える民俗知識について考察する。そして、ある素潜り漁師の描いたスケッチマップの分析から、サンゴ礁という自然環境をどのように捉えているのか明らかにする。

第3章では、前章でみた民俗知識をもとにどのように活動を組み立てているのか、実際に漁に参加しながら記録した一次資料によって、民俗知識の運用という視点から漁撈活動の実態を明らかにする。

第4章では、現在、佐良浜で行われている魚をめぐる取引慣行の意義と論理を社会的な文脈から検討する。佐良浜では、漁獲された魚はセリではなく、漁師と仲買いの二者間のウキジュと呼ばれる取引慣行によって売買されている。ここでは、経済活動のあり方と前章まで検討してきた多種多様な生物が生息するサンゴ礁という生態系の特徴に応じた多彩な漁撈活動が、どのような関係にあるのかを検討する。そして、現在では、島に生きる人間と人間の関係性を基盤としながら独特の取引慣行が生み出されていることを示す。

第5章では、「マジムヌ」と呼ばれる霊的な存在に対する語りを取り上げ、漁師の信仰的なおそれが漁場を選択する際の行動選択の一つになっていることを論じる。そのうえで、他者のまなざしを意識したモラルのあり方が、人びとの日常的な行動を律する基準として重要な意味をもつことを明らかにする。

終章では、これまでの議論を整理し、佐良浜で行われているサンゴ礁資源利用を支える島嶼コミュニティの生存基盤について、資源への直接的な関わり方と社会経済的側面から考察する。

（1）スーニガマは、沖縄で一般的にサバニと呼ばれる、積載量が三トン未満の舟である。佐良浜のスーニガマも、かつては厚手の杉板をはぎ合わせて造った木製であったが、一九八〇年代からは、軽くて修復が容易なグラスファイバー製が主流となった。

第1章 調査地の概要

アワの収穫祝いの儀礼「ンツビューイ」(2002年６月)

1　調査地域の自然と社会

自然環境

本書の舞台となる伊良部島は、沖縄島と台湾のほぼ真ん中に位置する宮古諸島のひとつである。(図1―1)。宮古諸島は、沖縄島から南に三三〇キロほど離れたところにあり、八つの低い島からなる。沖合から島々を望むと、平坦な島の稜線に、最高標高地点が七五・五メートルの大神島と、宮古島でもっとも標高が高い南部の城辺《ぐすくべ》のあたりがぽっかりと浮かんでいるように見える。一方、伊良部島の最高標高地点は、八八・八メートルの牧山展望台である。このあたりの林は、天然記念物であるサシバの飛来地となっている。ガスや電気が通っていなかったころ、牧山は島の子どもたちにとって薪拾いの場でもあり、遊び場でもあった。

伊良部島の地質は、サンゴ礁由来の石灰岩からなる。この石灰岩は琉球石灰岩と呼ばれ、水をよく透す性質がある。降った雨は地表を流れずに、地下水として浸透する。海岸線には、ろ過された地下水が湧き出る場所が点在しており、古くから人びとの生活用水として利用されてきた。北部の急崖を下っていくと、サバオキガーと呼ばれる井戸がある。一九六六年に簡易水道が施工されるまで、その井戸から水を汲み上げるのは子どもたちの日課であった。

沖縄のなかでも、宮古諸島は豊かなサンゴ礁に恵まれている。宮古島の北海岸には、約一〇キロ四方にわたって、一〇〇を超える大小さまざまなサンゴ礁が点在している(口絵5)。このサンゴ礁

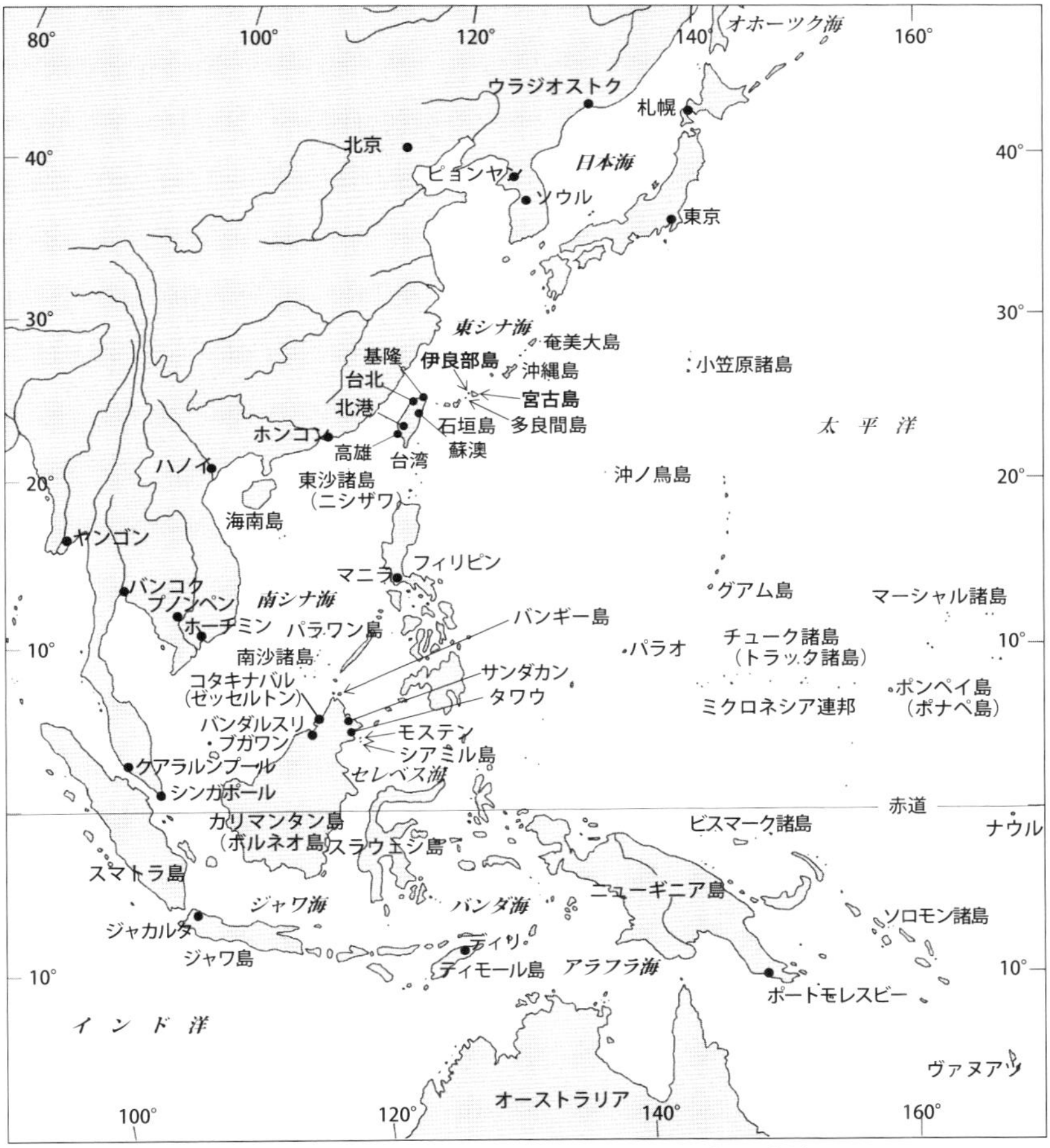

図1－1　伊良部島とアジア・太平洋島嶼地域

写真1－1　佐良浜集落(2000年)

群は、地元の人びとから「八重干瀬《やびじ》」と呼ばれ、宮古の海の豊饒の象徴として親しまれてきた。このように豊かに発達するサンゴ礁を、本書の対象である佐良浜集落の人びとは生業の場としてきた。とくに、スーニガマと呼ばれる小舟を操り、小規模な漁を営む素潜り漁師は、伊良部島や宮古島、多良間《たらま》島といった島を縁どる裾礁《きょしょう》だけではなく、いくつもの台礁が点在する八重干瀬など、宮古諸島一帯のサンゴ礁を利用してきた。

本書で紹介する佐良浜集落は、伊良部島北東部に位置する。集落を海から望むと、急斜面にコンクリートの家屋が段々状に建ち並んでいる(写真1－1)。一歩その中に入ると、細い路地が迷路のように斜面に沿って伸びている。かつて、急斜面の頂上にはサンと呼ばれた岩壁がせり出ていた。第二次世界大戦後、落盤事故があったため削られたが、現在でも、島の人びとはサンがあったところを境に、村落の上方部をウエ、下方部をシタと呼び分けている。

佐良浜とは、字前里添《まえざとぞえ》と池間添《いけまぞえ》を合わせた総称である。一八世紀初頭に、対岸の池間島から分村されたと言われている（伊良部村（編）一九七八）。当時、土が痩せていた池間島の人びとは、人頭税として賦課されたアワを耕作するために伊良部島北東部の砂礫地へ通っていた。その後、伊良部島につくった仮小屋で生活する人びとが増えたため、現在の池間添の位置に分村を拓いたといわれている（野口 一九七二、笠原 一九九六）。さらに分家や人口が増えると、その北側に新たに前里村が拓かれて、現在の集落の基礎がつくられた。島の人びとは、この池間島を母村とする二つの集落を総称して「佐良浜」と呼び親しんでいる。本書でも、島の人びとの呼び名にならって「佐良浜」と呼ぶことにしたい。

社会関係

佐良浜には、父方の親族関係に基づいた、モトムラとナカムラと呼ばれる社会集団がある。これらはムトゥと呼ばれ、村落儀礼を執り行うための重要な単位となる。モトムラは、アギマス、マイヌヤー、マジャと呼ばれる下位集団に分類される。ナカムラには、下位集団はない。新生児が誕生すると、その年のミャークヅツ（三三ページ参照）と呼ばれる最も大きい村落儀礼の際に、父親は、自分の属するムトゥに子どもの誕生を報告しなければならない。これをマスムイと呼ぶ。

ミャークヅツの二日目の早朝、父親は一升瓶を二つに結《ゆ》わえた泡盛と米を持ってムトゥの代表者に子どもの出生を報告し、帳簿に子どもの名前を記入してもらう。これによって、男女ともに、新生児は父親の属するムトゥに帰属することになる。沖縄島や県外で生まれた場合は、父親に代わって、佐良浜に住む祖父から報告される。婚姻後、女性は夫のムトゥに属する。

調査当時、佐良浜には年間五九の村落儀礼があった。これらを司るのは、フンマ、ナカンマ、カカラと呼ばれる司役《つかさやく》を担う女性たちである。司役は世襲制ではなく、モトムラとナカムラの社会集団から三年に一度、くじ引きによって選出される。くじの対象となるためには、いくつかの条件がある。

最も重要なのは、夫婦ともに健在であることだ。このため、未婚者や未亡人は対象に含まれない。フンマになった女性の夫は、島の人びとからウフッ・ザ（大きい・夫）と呼ばれる。調査当時は、くじ引きの対象になる女性は数えで四七歳以上で、夫の年齢が数えで、モトムラでは四七〜五七歳、ナカムラでは五〇〜五七歳であることが条件であった。かつては、佐良浜出身の女性であることが条件だったが、現在では、通婚圏の広がりや人口減少のため、条件を満たす候補者が少なくなり、佐良浜以外から嫁いだ女性も候補者として認められるようになった。参与観察することのできた二〇〇四年一月三日のくじ引きでは、ナカムラでは一九五四〜五七年生まれの三二人が、モトムラでは一九五〇〜五七年生まれの三六人が、候補者となった。

くじによる選出のため、ある一定の年齢と条件に見合う女性には司役に就任する可能性が等しくある。調査当時に選ばれた司役の職業は、主婦、サトウキビ栽培、スーパーや刺身屋の店員、飲み屋のオーナー、漁撈集団を支える漁撈長の妻、介護センターや給食センターの職員などさまざまであった。スーパーや刺身屋など島内の小売店に勤める女性が司役に選出されると、儀礼のある日には仕事仲間や経営者から勤務内容や時間などの融通がはかられる場合もある。

司役を選出するくじ引きは、フンマ・ユイ（司・揺る）と呼ばれる。二〇〇四年一月に参与観察することのできたフンマ・ユイでは、次のように行われた。執行者は、旧司役の女性（フンマ、ナカンマ、カカラ）と司ウヤと呼ばれる男性である。そのほか、候補者の名簿を収集した前里添と池間添の区長（村落組織の代表）が同席する。それぞれモトムラとナカムラに分かれ、ブンミャーと呼ばれる小屋に集まり、お神酒《みき》、米、塩を供える。

司役になると、行ってはならない決まりごとがある。たとえば、自分の家族や親族の場合であっても、祝い事や葬式などには出席できない。また、外出するときは、髪を結って着物を着なければならない。さらに、一九九〇年代までは任期中、島から出ることが禁じられていた。

そして、フンマは亡くなった後、家族と同じ墓に入ることはできず、個人墓をつくらなければならない。また、フンマに任命されると、儀礼用の道具をしまう納屋を敷地内に建てなければならない。佐良浜の男性は、県外の建設業へ出稼ぎ経験のある人も多いため、ほとんどの場合、納屋は夫や親族の男性によって造られる。女性がフンマやナカンマ、カカラなどの司役に任命された知らせが伝わると、親族の女性だけではなく、男性もまた、その当事者の家に集まり、今後の準備について話し合う。

さらに、司役となった女性たちは、儀礼中の荷物持ちなど身の回りの世話をしてくれる女性を親族や友人関係のなかから選ばなければならない。こうした女性は、ユー・ムチャ（豊穣・持つ）と呼ばれる。夜通し行う儀礼では、ユー・ムチャは食事を用意し、司役に届ける。司役が儀礼のため家を空けるときは、留守中の子どもの面倒や家事の手伝いをすることもある。

ユー・ムチャを引き受けると、儀礼のたびに仕事を休まなくてはいけないことや、儀礼で用いる

写真1－2　儀礼のお神酒を造る司役とユー・ムチャ（2001年）

ものを落とすなどの過ちを犯すと子孫にまで不幸があるといわれているため、女性たちにとって大きな決断となる。しかし、ユー・ムチャを三年間無事に務めることは誇らしいことであり、その後、島の人びとからは「ユー・ムチャ」と呼ばれ、一目をおかれるようになる（写真1－2）。

司役である本人だけではなく、家族にとっても、三年間の司役の任務を無事に終えることは、家族や子孫の不幸を避けるという信仰的理由からも重要である。したがって、司役の選出は、親族や友人関係を結束させる契機となる。村落儀礼の継続は、社会関係の紐帯に支えられているといえよう。

佐良浜では、イエはヤーニンチュと呼ばれる成員（家族構成員）からなり、それぞれの家は、ムトゥヤーと呼ばれる本家を中心に結びついている。旧暦正月や祖先供養のナンカヅツなどの年中行事には、分家した世帯主が供物を持ってムトゥヤーを訪問する。このムトゥヤーと分家の関係は、屋号《やごう》の継承にも表象される。たとえば、男性も女性も父方の屋号で認識されている。つまり、女性は婚姻後も夫の屋号ではなく、生家の屋号で認識される。たとえば、トゥガラと呼ばれるイエに嫁いだ初枝さんは、結婚後も「トゥガラ」ではなく、生家の屋号「シモ」を用いて「〝シモ〟の初ちゃん」と呼ばれる。男性が婿入りした場合は、その妻方の屋号で呼ばれることが多い。

佐良浜の民俗語彙で、親族にあたるのはハラウズである。日常生活のなかで、父方だけではなく、母方親族へのつながりが重要となる場面がある。

たとえば、誕生後、その赤子にナーヌシと呼ばれる守護する祖先を選ぶ際、母方親族は欠かせない。ナーヌシは、その個人と特別なつながりがあるとみなされ、個人的に拝む対象となる。ナーヌシは、父方と母方双方の親族のうち、記憶が遡れる具体的な死者から選ばれる。死者の名前や村落の拝所の名前を書いた紙をお盆に載せて振るい、そこから落とされたものが、その個人を守護するナーヌシとして選ばれる。その名前は、呼び名として使われる場合もある。

個人は、すでに亡くなっているナーヌシ本人に会ったことは、もちろんない。しかし、ナーヌシとして選ばれた人物の生前を知る周囲の人びとから、そのナーヌシの在りし日について繰り返し聞かされる。そして、死者(祖先)にまつわる記憶を個人とナーヌシの関係によって系譜のなかで再生し、同時に、系譜上に自己の位置を確認する。

さらに、ドーキュー(同級生)と呼ばれる同年齢組もまた、佐良浜の暮らしのなかで重要な役割をもつ。とくに、ミャークヅツなどの村落儀礼において、その結束が強調される。

ミャークヅツとは、モトムラでは数え四七歳、ナカムラでは数え五〇歳になった男性が、ウヤと呼ばれる年齢組に加盟するための重要な儀礼である。この年にウヤになる人はバカウヤ(若親)と呼ばれ、ミャークヅツの主役でもあり、ミャークヅツに関わるすべての雑務係として奔走することになる。ウヤになることは人生において最も晴れがましいことであり、島外に住む同年齢組の女性も仕事を休んででも応援にかけつけるほどである。ミャークヅツは四日間あり、初日をアラビ、二日目をンナカノヒ、三日目をアトノヒ、最終日をブートゥイという。最終日は盛大な同窓会となり、その結束はハラウズ(親族)関係よりも固いと主張する人さえいる。

村落組織には、そのほか青年団や老人クラブ、漁業協同組合婦人部などがある。また、佐良浜は老若男女を問わずスポーツが盛んで、秋にはマラソン大会や運動会などの行事が多い。なかでも、六〇歳以上が対象となる老人の運動会や漁業関係者による漁民運動会は白熱した競技となり、集落の人びとが楽しみにしている。ゲートボールやパークゴルフも盛んで、集落内にはいくつものチームがある。早朝や夕暮れ時には、おしゃべりに花を咲かせながら、人びとが遊びに興じる姿が見られる。

村落の視点からみると、佐良浜社会において個人は誕生時にマスムイをすることで父方の社会集団に帰属していくが、系譜への観念的なつながりは、ナーヌシを介して母方にもつながる可能性がある。さらに、同年齢組との結束や経済的集団など複数の社会集団が重なり合い、個人は重層的な社会関係の中に位置づけられる。このような特徴をもつ成員によって構成されるイエは、個々の成員の世代を超えた縦の紐帯と横の紐帯によって、広範囲な社会関係に支えられている。佐良浜の社会関係は、村落を中心としたいくつかの集団が父系的に組織化される一方で、親族組織は双系的なつながりを保ち、さらに経済・社会的な集団が複雑に重なり合う。

生業と栽培作物

二〇〇五年一〇月一日、旧伊良部町は四つの市町村（平良《ひらら》市、上野村、城辺《ぐすくべ》町、下地《しもじ》町）と合併し、宮古島市となった。国勢調査によると、二〇〇五年当時、佐良浜の世帯数は一一九四戸、人口は三三八七人であった（総務省 二〇〇六）。多くの世帯が、サトウキビ栽培や沿岸漁業を中心とした第一次産業に従事している。

旧伊良部町の統計によると、二〇〇三年度には、佐良浜で五四四戸が耕作地を所有し、その約九八％が三〇アール未満という小規模な土地で農業を営んでいた（伊良部町 二〇〇四）。このうち農業を専業としているのは、一七九戸しかない。

主な換金作物はサトウキビである。サトウキビの植え付けには、春植え、夏植え、株だしの三種類がある。調査当時、多くの世帯では、収穫後の糖度が高いと言われる夏植えだけを行っていた。新暦一二月～四月上旬に収穫されたサトウキビは、島内の製糖工場へ運ばれて、グラニュー糖などの精製糖の原料糖である分蜜糖（糖蜜を分離した砂糖）に製造される。

自家消費用作物としては、ニガウリ、カボチャ、葉菜類、マメ類などが家庭菜園で栽培されていた。調査当時、島でアズキと呼ばれるササゲ（黒小豆）は、島内で一升枡一五〇〇円で取引されていた。この豆は、旧正月や祖先供養などの供物として家庭で作られる、フカギと呼ばれる餅菓子に欠かせない。

写真1−3　複数の舟で船団を組むアギヤー

また、豊作祈願の儀礼ンツビューイのお神酒の原材料となるアワが、以前は各家庭で栽培されていた。ところが、筆者が調査した二〇〇〇年当時、司役のひとりが不在となり、すべての儀礼が中断されていたため、お神酒を造る機会もなく、ほとんどの家庭でアワを栽培しなくなっていた。その後、儀礼が再開された時期もあるが、現在ではスーパーでアワを購入する家庭が多い。年配の女性たちによると、スーパーで購入するアワは在来品種とは異なり、発酵があまり進まないという。

さらに、調査当時は各家庭でムギを用いて麹を作り、島で造られた泡盛を混ぜて味噌を作っていた。夏の盛りになると、日当たりの良い庭先や道端で、ゴザを敷いてムギを発酵させる光景が見られた。味噌作りは、夏の風物詩のひとつであった。

漁撈活動の概況

佐良浜といえば、沖縄では漁師の島として名高い。糸満系漁民によって考案されたアギヤー（写真1−3）と呼ばれ

表1－1　積載量別漁船数（2003年度）

（単位：隻）

積載量	隻数
3トン未満	98
3～5トン	21
5～10トン	3
10～20トン	4
合　計	126

（出典）伊良部町統計課（2004）。

る大型追い込み漁も、現在では佐良浜でのみ行われている。調査した二〇〇三年度の伊良部町統計によると、二〇七人が沿岸漁業に従事しており、その半数以上を五〇代と六〇代が占めていた（伊良部町 二〇〇四）。表1―1は、調査当時の積載量別漁船数を示している。佐良浜漁港に登録されている一二六隻の漁船のうち、三トン未満の小舟（スーニガマ）が七割以上を占めていた。

佐良浜集落には、西の浜（イー・ジャトゥ・ヌ・ハマ）と東の浜（アガイ・ジャトゥ・ヌ・ハマ）と呼ばれる船着場と、小型船舶やカツオ船が停泊する船着場がある。調査当時、西の浜は八組の漁撈集団と個人経営のスーニガマによって使用され、東の浜は二組の漁撈集団を除いてはパヤオ漁（パヤオと呼ばれる人工浮き魚礁を利用した引き縄漁）に従事する個人経営の小型船舶によって使用されていた。二〇一七年現在は改築中だが、集落の中心に位置する伊良部漁協の一階が水揚げ場であった。

周囲には、一九七〇年代後半に沖縄県農林水産漁業構造改善緊急対策事業の一環として建てられた製氷冷蔵施設や共同処理加工場施設などがある。各船が帰港する時間帯になると、形や彩りもさまざまなサンゴ礁に生息する魚（リーフフィッシュ）や四〇キロを超すマグロなどが続々と水揚げされて、活気に満ちあふれる。

調査当時、佐良浜で行われていた漁法は、網漁七種、釣り漁四種、モリツキ漁二種、採集一種、養殖一種の合計一五種であった（表1―2）。釣り漁には、カツオ一本釣り漁やパヤオ漁などがある。

表1－2　佐良浜で行われている漁法(2002年)

漁の種類	漁法の名称	備考
モリツキ漁	ハダカモグリ	素潜り漁
	ダイバー	スキューバの技術を使用
採集(潜水)	モグリ採集	貝類やナマコなどを採集
網漁	アギヤー	グルクンを対象とする最も規模の大きい追い込み漁。調査当時、22人から構成され、5隻の船で船団を組んでいた。
	ツナカキヤー	中規模な追い込み漁
	ウーギャン	小規模な追い込み漁
	エサトリ	カツオ一本釣り漁などの撒き餌となる活餌漁
	アオッキャトイ	アオリイカの未成体を対象とした袖網のみを使う追い込み漁
	マチャン	定置網漁
	ウチャン	投網
釣り漁	カツオ一本釣り漁	カツオ船による一本釣り漁
	パヤオ漁	人工漁礁を利用した曳き縄漁など
	ソデイカ漁	底延縄漁
	マキオトシ	石巻落とし(釣り漁)
養殖	モズク	モズク養殖

これらのうち、潜水による漁法は、サンゴ礁に生息する生物を対象としたモリツキ漁や採集、追い込みによる網漁である。また、これらの漁法は、素潜り(ハダカモグリ)とスキューバダイビングの技術を利用した二つの形態に分かれる。

図1－2は、漁法と漁場となる海底地形の関係を示している。それぞれの漁法がどのような地形で行われているのか、漁師へのインタビューや実際の漁撈活動の参与観察から得られた資料より再構成したい。

潜水による漁法であるモリツキ漁や採集、網漁は、漁撈活動空間としてサンゴ礁を利用している。とくに、サンゴ礁の縁《へり》である礁縁から礁斜面にかけた微地形を利用して行う。礁斜面には、枝状サンゴなど多種多様な造礁サンゴが生息し、サンゴ食のブダイ科など多くの魚が棲みついている。このため、礁斜面

漁法		島	サンゴ礁						
		防波堤沿い	礁湖	礁原	礁縁(縁脚)	礁縁(縁溝)	礁斜面	曽根	外洋域
モリツキ漁	ハダカモグリ		■		■	■	■		
	ダイバー		■		■	■	■		
採集(潜水)	モグリ採集		■	■			■		
網漁	アギヤー				■	■	■	■	
	ツナカキヤー				■	■	■		
	ウーギャン				■	■	■		
	エサトリ(活餌漁)				■	■	■	■	
	アオッキャトイ				■	■	■		
	マチャン(定置網)	■							
	ウチャン(投網)			■					
釣り漁	カツオ一本釣り漁								■
	パヤオ漁								■
	ソデイカ漁								■
	マキオトシ							■	
養殖	モズク		■						

図1－2　漁法と海底地形

は、リーフフィッシュを狙うモリツキ漁や網漁の好漁場となる。網漁のツナカキヤーやウーギャンは、礁縁のなかでも櫛の歯状にぎざぎざとした構造の縁脚と縁溝の微地形を利用して、袖網と袋網を張る。

モリツキ漁は、素潜り(ハダカモグリ)もスキューバを利用する場合も、サンゴ礁地形の全体(礁原を除く)が活動域となる。素潜り漁師は、潮が引いて水深の浅くなった礁湖(ラグーン)や礁斜面を中心に潜水する。スキューバを利用する漁師は、水深約三〇メートル近くまで潜水して、モリツキ漁を行うこともある。このように、素潜り漁師とスキューバを利用する漁師は、同じようにサンゴ礁を漁場として利用しながらも、活動域となる水深が異なることが多い。

水深の浅い礁原を利用するのは、投網(ウチャン)と貝類を対象とする採集(潜水)である。投網

写真１－４　カツオ一本釣り漁の活き餌となるタカサゴの稚魚を獲る

を行う漁師は、肩に網を乗せて潮が引いた礁原を歩きながら、逃げ遅れた魚などを狙う。

一方、沿岸域の曽根を漁場として利用するのは、アギヤー組とカツオ一本釣り漁の活餌《いきえ》を狙ったエサトリである（写真１－４）。これらの漁法は、水深約三〇メートル前後のサンゴ礁の外縁部を群れで泳ぐタカサゴ科の魚を漁獲対象としている。また、イソフエフキなどを対象としたマキオトシは、佐良浜と平良（宮古島）の間にある曽根を漁場として利用する。

外洋では、釣り漁であるカツオ一本釣り漁やパヤオ漁、ソデイカ漁が行われる。

これまでみてきたように、佐良浜で行われている一五種類の漁法のうち、一一種類がサンゴ礁を漁場としており、その漁法ごとに漁場として利用する微地形が異なる。地先の海を利用した漁業が外洋での漁業に移行したといわれる地域があるが（寺嶋　二〇〇二）、現在も佐良浜の漁撈活動においては、サンゴ礁が重要な漁撈空間であるといえるだろう。
なかでも、佐良浜漁師が活動する漁撈空間の特徴は、サンゴ礁の礁斜面を最も利用している点にある。本書の主人公である素潜り漁師は、宮古島周囲の裾礁や、宮古島から一〇キロ以上離れた八重干瀬やフデ岩などのサンゴ礁を中心に活動している。本書では、このようにサンゴ礁という生物多様性の宝庫であり、生物が造った地形を生業活動の場所として利用する、素潜り漁師に注目する。

2 水産資源の商品化からみた島の暮らしの変遷——近代から現代へ

沖縄をめぐる政治体制は、これまで大きく変動してきた。離島に生きる人びとは、この歴史的動態をどのように経験してきたのだろうか。本節では、水産資源の商品化の変遷と海に生きる人びとのライフヒストリーを軸にしながら、近代沖縄と現代沖縄をめぐる過去一〇〇年を大きく三つに分けて概観する(1)。

本節では、漁業振興政策などに関わる公文書のほかに、漁師やその妻、家族に聞き取りしたライフヒストリーを資料として扱っている。沖縄研究において、戦前のカツオ一本釣り漁移民や戦後復興における離島の暮らしについて、これまで文字化されたものは必ずしも多いとはいえない。経験者の高齢化が進んでいるため筆者はこれまで、とくに戦前と戦後復興期のライフヒストリーの聞き取りについて、早急に取り組まなければならない課題としてインタビューを続けてきた(高橋 二〇〇〇、二〇〇〇四a)。

（1）カツオ一本釣り漁導入と南洋移民（一九〇一～一九四五年）

図1―3は、一世帯あたりのかつお節・削り節年間購入数量について、二〇一六年度の全国平均と購入数量の多い都市の上位から五位までを示している。全国平均の購入数量が七一五グラムであるのに対して、那覇市は二〇一〇グラムと突出して多い。沖縄料理には、豚肉や昆布を茹でただし汁だけではなく、荒く削ったかつお節を大量に茹でたカツオだしも欠かせない。いまでは家庭の味として一般化したが、かつお節が沖縄で生産されるようになったのは、二〇世紀初頭のことである。

沖縄にカツオ一本釣り漁が導入されたのは、一九〇一（明治三四）年に座間味島で、本土向けの商品として、商業的にかつお節を生産したのが始まりだといわれている。カツオ一本釣り漁とかつお節生産は、本土での需要拡大を受けて、またたく間に沖縄の島々に広まった（上田 一九九五）。市場での評価を上げるため、沖縄県はカツオ一本釣り漁やかつお節製造の技術者を宮崎や土佐（高知）から雇い入れる振興政策を講じる（宮内 二〇〇二）。県外から派遣された技

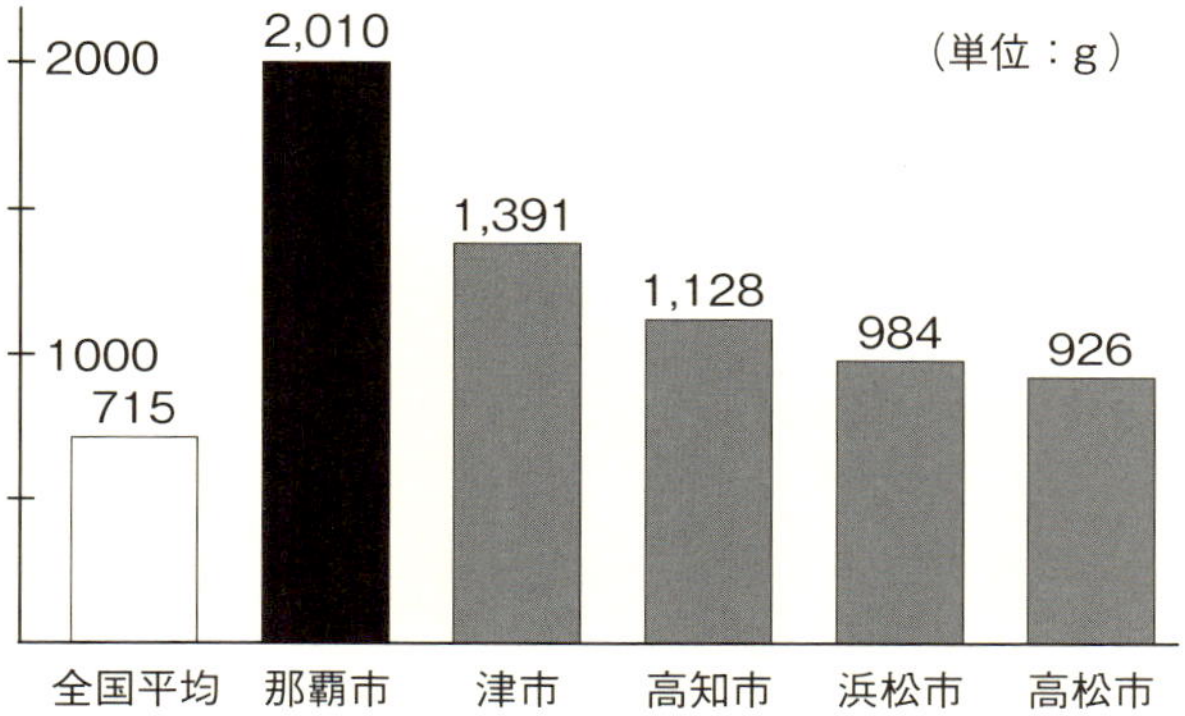

（出典）総務省統計局（2016）。

図1－3　一世帯あたりのかつお節・削り節年間購入数量

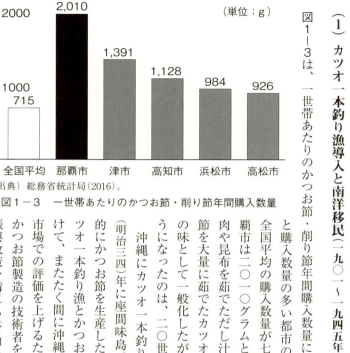

術者は、沖縄におけるかつお節の主生産地である沖縄島北部の本部《もとぶ》や、慶良間《けらま》・宮古・八重山の各諸島に派遣された。

佐良浜にカツオ一本釣り漁が導入されたのは、一九〇九(明治四二)年といわれている(伊良部村史(編)一九七八)。その三年前、対岸の池間島で、鮫島幸兵衛という鹿児島出身の寄留商人によって、カツオ一本釣り漁とかつお節生産が始められていた。寄留商人とは、明治から昭和初期にかけて本土との流通に従事した他県出身の商人で、近代沖縄の経済に大きな役割を果たした(金城 一九七七)。当時、寄留商人によって、沖縄で生産されたかつお節や砂糖、ボタン用の高瀬貝(サラサバテイ)などが日本本土へ出荷されていた。しかし、明治終わりから大正にかけてかつお節産業が隆盛するにつれ、カツオ一本釣り漁やかつお節生産は、地元による共同経営に移行されていく。

佐良浜では、一九一五(大正四)年に大福丸と漁宝丸という発動機船が稼動し、かつお節工場が建設された(伊良部村史(編) 一九七八)。カツオ一本釣り漁は、その活餌となるタカサゴ科などの稚魚に恵まれ、豊漁が続いたという。一九二一(大正一〇)年生まれの与那覇《よなは》忠晴《ただはる》さん(仮名)は、幼いころの記憶として「道は魚(カツオ)でいっぱいだったよ」と振り返る。そのころ、工場には冷蔵設備がなかったため、大漁が続けば続くほど、人びとは夜も休むことなくカツオをさばき、かつお節を生産するために働き続けた。

このように外部社会からもたらされた商業的な漁業が、短期間に沖縄に定着した背景について、宮内泰介は、高級調味料であったかつお節が庶民化し、日本本土での需要が高まったことにあると述べている。その需要にこたえるように、沖縄の漁村が生産地として寄留商人によって開拓されていく（宮内 二〇〇二）。

ところが、一九三〇（昭和五）年ごろになると、世界恐慌の影響によって、かつお節の価格が下落する。借金が膨らみ、カツオ船の共同経営が失敗するなど、沖縄のカツオ一本釣り漁は存続の危機に直面した。こうした事態を受けた沖縄県政は漁村救済のため、一九三六（昭和一一）年にカツオ一本釣り漁・かつお節移民を南洋に送り込む政策を打ち出した。

当時、日本の委任統治領となっていたトラック島（現ミクロネシア連邦チューク島）やパラオ島、ポナペ島（現ミクロネシア連邦）、ポンペイ島には、すでに沖縄から個人船が出漁し、かつお節を本土向けに生産していた（藤林 二〇〇四）。これらの島々では、国策会社である南洋興発株式会社が製糖産業などを中心に、水産業や交通運輸業など幅広く事業を展開し始めていた（片岡 一九九一）。しだいに、佐良浜から出漁していた個人船も、南洋興発株式会社の傘下に吸収されていく。

さらに、太平洋地域だけではなく、東南アジアへも佐良浜から多くの人びとがかつお節産業の担い手として渡っていった。一九二六（昭和元）年、折田一二を中心としたボルネオ水産公司（後に、ボルネオ水産株式会社）が数回の資源調査に基づいて設置されると、英領北ボルネオ（カリマンタン島）にカツオ一本釣り漁の基地を建設するなど東南アジア地域での水産業振興が図られる。

ボルネオ水産は、一九三六（昭和一一）年に沖縄県水産会と契約をし、「英領北ボルネオ移住漁業団」を組織して、沖縄から漁師や漁船、工夫を募集した。すでに、佐良浜では英領北ボルネオに出漁している個人船があったが、男性だけではなく、多くの女性もかつお節やツナ缶詰工場の工夫として渡っていった（望月 一九九八、二〇〇一、高橋 二〇〇四）。

ここで、ある男性の個人史を振り返りながら、佐良浜の人びとがどのように英領北ボルネオでのカツオ産業に関わったのかをみていきたい。

〈事例　与那覇忠晴さん①負債をかかえての移民〉

一九二一（大正一〇）年生まれの与那覇忠晴さんがカツオ船（大徳丸）に初めて乗ったのは、一三歳のときだった。そのカツオ船は共同出資による経営で、父親もカツオ一本釣り漁師として同乗していたという。与那覇さんは、活餌を獲る素潜り追い込み漁が担当だった。しかし、まもなく、大徳丸は経営難に陥って負債をかかえ、英領北ボルネオへ出航することになった。一九三四（昭和九）年のことだ。父親はすでに六〇歳を超えていた。与那覇さんは、父親の代理として大徳丸に乗り、英領北ボルネオに渡ることを決意した（インタビュー二〇〇〇年七月）。

ここで、与那覇さんがカツオ船の漁師として契約した、ボルネオ水産株式会社（旧ボルネオ公司）について述べておきたい。ボルネオ（カリマンタン）島北部は一九四六年まで北ボルネオ会社（The British North Borneo Chartered Company）という株式会社の管轄下にあった。北ボルネオ会社は、一八八一（明治一四）年に大英帝国から勅許《ちょっきょ》（Charter）を獲得し、ロンドンの株主とイギリス植民地官僚によって運営されていた（石川 二〇〇四）。政務を執る総督は、ロンドンの重役会議によって選出され、イギリス政府の承認のもとに任命される（Tregonning 1958）。関税による収入が最も多く、利益の大部分は株主に配当され、余剰金は国内の開発にあてられた。当時、とくに東部の開発が遅れており、イギリス企業の関税を免除するなどの便宜を図って、積極的に資本家による資源開発が目指された。

一八八〇年代から一九〇〇年代には、燕の巣や籐《とう》、木材などの森林資源が商品として注目される。さらに、小規模生産されていたタバコが、一八八五(明治一八)年にアムステルダム市場で従来のオランダ・タバコよりも高額の値がつけられると、北ボルネオにタバコ栽培ブームが起こった。一八八〇年代後半には東海岸で、オランダ人とドイツ人を中心としたタバコ農園が広がっていく(Tregonning 1958)。その後、生ゴム、サトウキビ、コプラ(乾燥したココヤシの胚乳)、マニラ麻などのプランテーションが盛んになった。このようにヨーロッパ諸国の資本家が森林資源や熱帯性農産物の生産を積極的に行うなかで、ボルネオ水産は水産資源に目をつけた唯一の企業体である。

ボルネオ水産の前身であるボルネオ水産公司は、東部にあるタワウの東一〇八キロのセレベス海に浮かぶ小島シアミル島を北ボルネオ会社から租借すると、カツオ一本釣り漁、マグロ延縄漁、日本向けのかつお節生産などの漁業基地を建設した(南洋団体連合会 一九四二)。日本の植民地政策や移民事業を統括する拓務省によって一九三二(昭和七)年に実施された調査の報告書では、英領北ボルネオにおける期待する企業体としてボルネオ水産が言及されており、欧米出荷用のツナ缶詰の生産が提案されている(拓務省拓務局 一九三四)。その翌年一二月、ボルネオ水産公司は資本金五〇万円のボルネオ水産株式会社となった(渡邊 一九四二)。

その報告書によると、ボルネオ水産は一九三四(昭和九)年にカツオ・マグロ缶詰の製造を開始し、香港経由でバンクーバー、モントリオール、トロント、ニューヨーク、ボストン、ホノルルへ輸出していた。当時、イギリスの管轄下であったカナダにおける輸入税は、英領北ボルネオからの輸出品に対しては半額であった。缶詰製品は、注油量や肉量などの製造規格や殺菌温度と時間が異なる六種類が製造され、注油もオリーブ油やサラダ油などに分けられていたという。使用する缶は、一九四一(昭和一六)年の日本の軍事侵攻まで、日本本土とアメリカから輸入された(渡邊 一九四二)。

佐良浜から漁師として渡った与那覇さんは、当時の生活の様子を次のように語った。

〈事例　与那覇忠晴さん②英領北ボルネオ移住漁業団〉

与那覇忠晴さんを乗せた大徳丸は、一九三六(昭和一一)年に契約される英領北ボルネオ移住漁業団よりも前に出漁している。サンダカンの北側に位置するバンギー島に配属される予定だったが、新しい工場はまだ完成していなかった。そこで、すでに稼動していたシアミル島の工場にカツオを水揚げする。シアミル島の思い出は、よくカメを食べたことだ。とくに、カメの前足の脇の肉は脂がのっておいしい。

「カメを獲るのは簡単。アオガメ、アカガメなんかがいる。交尾しているカメのまわりにいるオスを、七匹獲ったこともある」

解体したカメの甲羅はボルネオ水産株式会社の日本人に売り、卵は茹でて食べた。

大徳丸は、三年間の契約が満期になると沖縄へ戻った。帰島後、負債は清算され、大徳丸のカツオ組合は解散。その後、与那嶺さんは結婚し、家族を連れて台湾へ疎開し、カジキやフカ漁に従事した(インタビュー、二〇〇〇年七月)。

バンギー島に一九三九(昭和一四)年、かつお節工場、缶詰工場、製氷工場を備えた第二漁業基地が建設される。ボルネオ水産株式会社の労働力のほとんどは日本人で占められ、活餌漁を沖縄出身者、カツオ一本釣り漁を高知出身者、工夫を高知、愛媛、沖縄の出身者が担っていた(藤林 二〇〇一)。北ボルネオでのかつお節やツナ缶詰の生産は一九四一(昭和一六)年一月ごろまで続けられたが、太平洋戦争が開戦されると、七月にイギリスによって英領北ボルネオにおける日本人の資産凍結令が公布され、かつお節や缶詰の工場は事実上閉鎖される。

やがて戦況が厳しくなると、多くの沖縄出身の男性たちは軍納魚を獲るために現地で召集された。女工として働いていた女性たちは、かつお節工場のあったシアミル島やバンギー島からの撤退を余儀なくされ、英領北ボルネオ東海岸モステンの麻農園で働いた。

こうして、かつお節移民として英領北ボルネオへ渡った人びとは南の地で戦争に巻き込まれていく。敗戦をむかえると、とどまっていた日本人の多くは、ゼッセルトン(現コタ・キナバル)の旧アピ飛行場跡地に建設された収容所に収容された。日本へ引き揚げることができたのは、一九四六年三月だったという。

一方、佐良浜に残った人びとはどのような暮らしをしていたのだろうか。聞き取りによれば、一九四四(昭和一九)年ごろには多くの漁船が軍に徴用された。佐良浜の上空を米軍機が飛来するようになり、多くの人びとが台湾への疎開を余儀なくされる。

台湾では、多くの男性が、基隆《キールン》や蘇澳《スーアオ》の南方で、ツキ船と呼ばれる突棒漁船に乗ってカジキを追った。船首に取り付けられた突き台から、約五メートルの銛《もり》をカジキにめがけて投げる漁法である。一九四三（昭和一八）年に台湾へ疎開した前泊登さん（一九二七（昭和二）年生まれ、仮名）は、一六歳のときに飯炊き係としてツキ船に乗った。当時、蘇澳の南方がカジキ漁の基地だった。一緒に台湾へ渡った多くの女性や子どもは、高雄《カオシュン》や台中《タイジョン》の日本人村で生活した。

疎開先の食生活は伊良部島と比べて豊かだったと、台湾に疎開した経験者の誰もが言う。島ではほとんど口にすることのなかった米が、安く手に入った。台南省北港郡元長《ユエイチャン》に疎開した石嶺武雄さん（一九三一（昭和六）年生まれ、仮名）によると、学校用のお弁当箱には白米をつめ、家ではサツマイモを食べたという。終戦まで、多くの佐良浜の人びとが台湾の疎開先で暮らした。

（２）アメリカ統治下における戦後復興と伊良部島の暮らし（一九四五～一九七二年）

第二次世界大戦が終結しても、日本本土からの沖縄への引き揚げ船が開始されたのは、一九四六年八月になってからであった（石原二〇〇〇）。一方、台湾から在台湾日本人の引き揚げは、一九四六年に完了したといわれている。だが、実際には、多くの沖縄の人びとが台湾に残されていた（台湾引揚記編集委員会（編）一九八六）。

なかには、引き揚げ船を待たずに、佐良浜から基隆や蘇澳南方まで探しに来た親戚の漁船に乗って引き揚げた人もいる。ただし、高額な船賃を請求される場合もあった。石嶺武雄さんは、家族五人分の船賃として実家に残る家財道具すべてを担保したという。そして、終戦直前に台湾で病死した弟の遺骨を持ち帰るため、台湾の疎開先で土葬した遺体を掘り起こした。まだ遺体の腐敗が進んでいなかったため、血や肉を骨からそぎ落とさなければならなかったという。

「琉球列島経済計画(Economic plan for Ryukyu Islands)」と水産資源

一九四五年三月二六日、米陸軍第七七師団が慶良間諸島に上陸し、ニミッツ提督によって米国海軍軍政府布告第一号が発布された。これにより、北緯三〇度以南の南西諸島における日本政府の行政権行使が停止された。こうして、沖縄は一九七二年に日本に復帰してその主権を回復するまで、米軍の統治下におかれる。

聞き取りによれば、佐良浜の漁船は戦中に軍へ徴用されたため、戦後すぐに稼動できる漁船はほとんどなかったという。貨幣経済がマヒしていたため、佐良浜の人びとは漁獲した魚を伊良部島南部の集落や宮古島平良の仲買いと物々交換することによって生計を立てた。魚は、食糧難にあえぐ人びとの動物性タンパク源として切望された。当時、獲れば獲っただけ売りさばくことができたため、すべての男性は海へ向かったという。

そのころ、海中に沈んだ不発弾を回収し、抜き出した火薬を三合瓶や一升瓶に詰め、魚の群れやサンゴ礁を直接爆発させるダイナマイト漁が横行していた。当時一四歳だった上里守《うえざと》さん(仮名、一九三一(昭和六)年生まれ)は、その瓶を抱えて漁船に積み込むときには生きた心地がしなかったと振り返る。疎開先の台湾から引き揚げるための船賃として、すべての家財道具を担保にした石嶺さんは、このダイナマイト漁に二年間従事し、借金を返すことができたそうだ。ダイナマイト漁によって捕獲された魚は中骨がくずれていたが、これをかまぼこ屋に売る仲買いがにわかに増えた。ダイナマイト漁は不法とみなされたため、警察の目をくぐりぬけて、漁師と仲買いは浜から離れた岩陰で取引を行わなければならなかったという。

写真1－5　海人草（ナチャーラ）

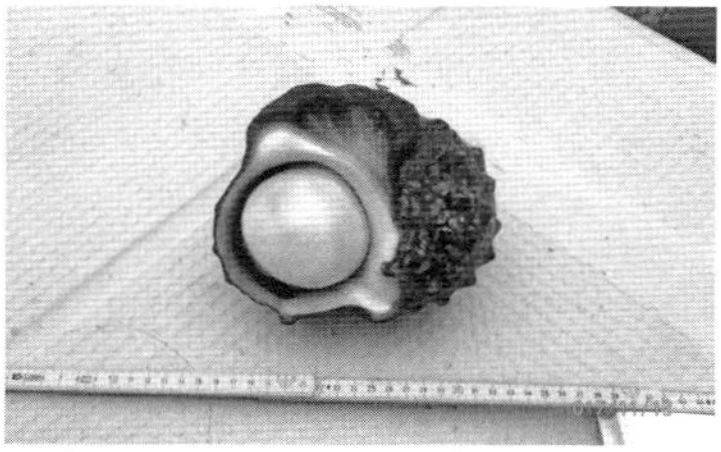

写真1－6　ヤコウガイ（提供:渡久地健）

表1－3　主な輸出品目（1950年度、沖縄島から日本本土へ）

品　目	輸出金額（ドル）
海人草	209,098
黒砂糖	199,984
貝殻	172,495
大島紬	50,330
百合根	34,980
ソテツの葉	15,462
牛皮	12,402
糸縒帽	3,215
かつお節	675
ウニ	300
鱶鰭《ふかひれ》	199

（出典）沖縄朝日新聞社（編）（1986）。

一九四六年一〇月二五日に琉球列島貿易庁が創設されるが、一九五〇年に貿易が自由化されるまで、沖縄と日本本土との貿易は軍政府下におかれていた。そこで、貿易庁が民間から輸出品を買い上げ、軍政府が日本本土も含む「海外」へ輸出する方式がとられた（琉球銀行（編）一九八四）。一九四八年に、それまで禁じられていた個人企業が認められると、統制経済が解除され、列島間の移動も自由となる。その結果、当時、軍政府下であった奄美・沖縄の全琉を一円とした経済圏が確立された（琉球銀行（編）一九八四）。そして、一九五〇年四月に輸出が、一〇月には輸入が自由化される。こうして、終戦から五年を経て、市民による自由な交易が公的に認められた。

表1－3は、自由な輸出が可能となった一九五〇年度の沖縄から日本本土への輸出品目を示している。表1－3によると、虫下しの薬（回虫の駆除）となる海人草が最も多く、黒砂糖、ボタンの原材料となる貝殻（ヤコウガイ）が続く（写真1－5、1－6）。

生産量と輸出量の見込高　　(単位：価格＝1000ドル、数量＝1000トン)

1953年度			1954年度			1955年度		
生産量	輸出量	輸出価格	生産量	輸出量	輸出価格	生産量	輸出量	輸出価格
	400	200		400	200		400	200
	200	100		200	100		200	100
	1.2	150		1.6	200	35	2.4	300
	16	3,100		21	4,000	63	27	4,750
				5	50		12	100
	500	500		500	500	1,000	600	600
	1,000	50		1,000	50		1,000	50
	200	50		200	50		200	50
	90	75		90	75	150	90	75
	30	25		30	25	40	30	25
	0.66	50		0.66	50		0.66	50
	250	50		250	50		250	50
	25	250		25	250	35	25	250
	20	60		20	60	30	20	60
	1.4	50		2	70	1.5	2.8	100
	90	90		70	70	40	40	40
		150			150			150

海人草が戦後復興期の重要な輸出品目であったことは、これまであまり注目されてこなかった。後述するが、海人草は宮古・八重山諸島の人びとと海との関わりの歴史を考えるうえで、重要な水産資源であることを指摘しておきたい。

一九五〇年一二月、アメリカ極東軍総司令官は、琉球列島米国民政府(United States Civil Administration of the Ryukyu Islands：略称USCAR)を設置した。USCARは、沖縄が一九七二年に日本復帰するまで、アメリカ政府機関として立法や司法、行政に大きな権限を行使する。そして、一九五一年九月八日にサンフランシスコ講和条約が調印され、翌年四月二八日に発効されると、日本は主権を回復し国際社会に復帰する一方で、沖縄は引き続き米軍の占領下におかれた。

表1−4　主要生産物の

品目	単位	1951年度			1952年度		
		生産量	輸出量	輸出価格	生産量	輸出量	輸出価格
海人草	ポンド		300	150		300	150
ボタン用具	トン		0.75	150			
かつお節	ポンド					100	50
冷凍海産物	トン				27.8	0.4	50
砂糖	トン		3	1,100	30	8	1,940
缶詰	箱						
絣	ヤード		50	50	600	460	460
百合球根	個		1,000	40		1,000	50
繊維	ポンド		200	50		200	50
上布	ヤード				100	90	75
アダン帽	個				40	30	25
ソテツの葉	俵		0.33	25		0.33	25
塩漬牛皮	ポンド		250	50		375	75
ボタン	グロス				20	15	150
リン鉱石	トン				5	5	15
木炭	トン				1.3	0.15	5
鉄道枕木	個		50	50	80	80	80
その他				35			90

（出典）USCAR（1951）をもとに作成。

同年（一九五二年）四月一日、琉球列島米国民政府の権限のもとに、琉球政府が樹立された。

一九五一年五月、琉球列島米国民政府は「琉球列島経済計画（Economic Plan for Ryukyu Islands）」を発表する。これは、戦後初めての本格的な長期経済計画であった。その序論で、五年間で生活水準を戦前に戻すこと、自給率を高めて自立経済を達成すること、金融機関を安定させることを目標として言及している（USCAR 1951）。琉球列島米国民政府はとくに、琉球列島の自立的な経済発展のために、輸出品の増大と加工品の原材料となる農産物や水産物の生産量の増大に力を入れた。表1−4は、琉球列島経済計画における主要生産物の生産量と輸出量の見込高を示している。

表1―4によると、一九五一年度には一七〇万ドルと見込まれた輸出総額は、その四年後には七〇〇万ドルに達するとされている。具体的に内訳をみると、砂糖の輸出量は一九五一年度の三トンから一九五五年度にはその九倍に見込まれている。これは、一九五五年度における輸出総額の約六八％を占める計算になる。一九五二年度以降は、ボタンやかつお節、海人草、缶詰といった水産加工品が輸出品として登場する。琉球列島米国民政府は、海人草とボタン用の原材料となる貝類を、日本への輸出品として早くから注目していた(USCAR 1951)。

漁業については、琉球列島米国民政府は琉球列島経済計画を策定した当初、沖縄の慢性的な食料難を解消するために動物性タンパク源を供給することを目標としていた。同時に、食糧供給源だけではなく、輸出品としての商品価値の可能性を指摘している(USCAR 1951)。

しかし、戦禍によって漁船を失った漁師は、生産基盤の整備から始めなければならなかった。アメリカ政府は、飢餓や疾病の防止を目的として、食糧を中心としたガリオア資金(占領地域救済政府資金)による物資援助を行っていく。

琉球列島米国民政府の報告書によると、漁業に関して、一九四九～五〇年までに一五〇万ドルが投入され、一五～一五〇トン級の漁船が六五隻建造された。また、各地域で漁具などの購入、那覇市では倉庫はじめ漁業施設が拡張・整備され、冷凍施設が五つ建造された。さらに、新しい船が建造されるまでの間、米軍の小型上陸用舟艇二〇〇隻が貸し出しされた。その総トン数は四〇〇〇トンにも及ぶという。琉球列島経済計画では、新しい水産資源開発としてスポンジ(海綿)、サンゴ、牡蠣や真珠の養殖の可能性も指摘している(USCAR 1951)。

表1－5 主要輸出品における計画値と実績値

（単位：1,000ドル）

輸出品目		1954年度	1955年度
砂糖	計画値	－4,000	4,750
	実績値	3,643	7,191
海産物	計画値	850	1,000
	実績値	1,098	1,044
スクラップ	計画値	—	—
	実績値	2,410	2,146

（出典） USCAR（1951）, p.80. Civil Affairs Activities Reports Vol. 5 No1, 1957, p.216.

表1－5は、主要輸出品における計画値と実績値である。一九五〇年度の主要輸出品は海人草や黒砂糖、貝殻、大島紬であったが、一九五五年度には砂糖と海人草、スクラップが上位を占めている。なかでも、砂糖の実績値は、七一九万一〇〇〇ドルと、計画値の四七五万ドルを大幅に上回った。この数字は、砂糖が主要輸出品として成長したことを裏付ける。その理由について松田賀孝は、一九五一年五月に日本政府が琉球産の砂糖に対して関税を撤廃し、さらに一九五二年には含蜜糖を政策的に基幹産業として特恵措置する南西諸島物資に追加した保護策の影響を受けたと述べている（松田 一九八一）。

そして、琉球列島経済計画が制定された当初、想定されていなかったスクラップの生産が急速に伸び始めたことは、特筆すべき点である。その生産は一九五六年度にピークをむかえ、生産量は輸出総額の約五八％を占めるまでに至った（松田 一九八一）。

戦後の暮らしを支えた素潜りの技術と知恵

この時期、佐良浜漁師の多くは、戦中に空爆によって海へ沈んだ船を潜水して回収し、ブローカーに売っていた。沖縄島佐敷《さしき》町（現・南城市）の馬天《ばてん》港には、このようなスクラップの水揚げ場として大勢の人がつめかけたという。物資が豊富にあった台湾から米や粉ミルクなどを運ぶヤミ貿易が横行したのも、この時期である。とくに、戦前の疎開先だったため、佐良浜の人びとにとって台湾はなじみの深い場所だった。男たちは、どのように、闇貿易に乗り出していったのだろうか。ここで、ひとりの男性のライフヒストリーをたどりながら、当時の沖縄や離島がおかれていた政治経済的な状況をみていきたい。

〈事例　伊佐昭雄さん①水中眼鏡と密貿易〉

伊佐昭雄さん（一九三一（昭和六）年生まれ）は終戦後、伊良部島でしばらくダイナマイト漁に従事するが、台湾でのカジキ漁の突棒漁船が儲かると聞き、密航を決意する。一九四七年のことだった。当時一六歳だった伊佐さんは友人と夜中の海岸に、モンパノキ（海岸植物）で作った水中眼鏡と銛を持って潜んだ。やがて、すでに台湾に渡っていた次兄を乗せた船が、リーフ（礁原）の沖合に近づいてきた。伊佐さんは、波を立てないよう静かに船に向かって泳ぎだす。兄を通して打ち合わせをしていたその船は約一五トンで、一〇人ぐらいが乗っていた。

初めの仕事は飯炊きだった。一度に一斗（一升の一〇倍）の米を炊く力仕事だ。船はカジキ漁をしながら、宮古と台湾の間で物資を運んだ。台湾からは米や金の指輪、佐良浜からは米軍兵から買ったキャメルやラッキーストライクなどのアメリカタバコが主要なバーター品だった。三年で、本家と次兄の家を建てられるほど儲けたという。台湾と宮古を往復する生活を三年ほど続けたが、一九歳になった一九五〇年ごろから台湾の湾岸警備が厳しくなり、台湾へ渡ることを止めたという（インタビュー、二〇〇一年九月）。

一九四九年一二月、蒋介石が台湾に渡って以来、台湾の港は極度の緊張状態にあったという（石原二〇〇〇）。湾岸警備が厳しくなった台湾への上陸をあきらめた伊佐さんは、その後、沖縄島から香港へ弾丸の火薬を詰める真鍮《しんちゅう》などの金属製容器（以下、薬莢《やっきょう》）を運ぶ船に乗り込んだ。当時の香港では、薬莢などの非鉄金属（スクラップ）の価格が高騰していた。石原昌家によれば、一九四六年四月以来、中国大陸での蒋介石率いる国府軍（国民党軍）と共産軍による内戦の拡大が非鉄金属の需要を高めたという（石原 二〇〇〇）。「鉄の暴風」と呼ばれた激烈な地上戦が戦われた沖縄では、大量の薬莢などの非鉄金属が散在していた。伊佐さんもまた、香港を中心としたスクラップ・マーケットに参入したひとりである。

〈事例　伊佐昭雄さん②香港密航とスクラップ〉

船長は香港に着くと、台湾から乗ってきた船を、当時香港でスクラップ・ビジネスを牛耳っていた「シュウ」という男に売る。シュウは沖縄からの船員全員を雇い、新たに一六トンの船を買い与えた。なかでも、泳ぎの得意な佐良浜出身者を海中に潜らせ、非鉄金属（スクラップ）を回収した。伊佐さんたちの船は、戦中に沈んだり、リーフに座礁した船がとくに多く残っている、フィリピン近海やパラワン島（フィリピン南西部）をまわったという。回収したスクラップは、香港に水揚げをした（インタビュー、二〇〇一年九月）。

伊佐さんにとって、香港での生活は「夢みたいな世界だった」と記憶されている。なぜなら、やり手の資産家・シュウが、佐良浜漁師たちを仕事熱心で確実にスクラップを回収すると評価し、手厚くもてなしてくれたからだ。たとえば、別荘で開かれたパーティーに呼ばれたこと、捕獲したウミガメを持っていくとシュウ自らがさばいて料理を振る舞ってくれたこと、三人いる「愛人」が、みな大きな賭博をするなど金遣いが荒かったこと、痔が悪化したときに密航者でありながらも大きい病院に入院する手はずを整えてくれたこと、さらにすべての経費を支払ってくれたこと……。香港での日々は、佐良浜から来た漁師たちにとって驚きの毎日であったと振り返る。こうした生活が四年間続いたが、伊良部島へ戻ることを決断した。

〈事例　伊佐昭雄さん③沖縄への引き揚げと遠洋カツオ一本釣り漁の再開〉

伊佐さんは一九五四年、香港から引き揚げることを決意する。伊佐さんの乗っていた船が株式制になったうえに、シンガポールにスクラップを密貿易することになったからだ。佐良浜を発って七年が過ぎていた。香港港も、警備が厳しくなってきた。シュウが、沖縄島まで戻る香港籍の漁船を手配してくれたという。魚を塩蔵するための塩をバーター品として積んだ。佐良浜出身者や沖縄島出身者、香港人をそれぞれ一〇人ずつ乗せた大きなトロール船だった。沖縄島沿岸にたどり着いたが、船は拿捕《だほ》されて、那覇の留置場に二六日間拘束されたという。

釈放後、伊佐さんは佐敷町の馬天を基地として、再び海に潜ってスクラップを回収した。その年の暮れには佐良浜に戻り、結婚。宮古諸島の周辺海域に潜ってスクラップを回収し、二年後に積載量が九トンのカツオ一本釣り漁船を購入した。自分の船を得てからは、一九六〇年に沿岸でのカツオ一本釣り漁、その翌年には西表島から薪になる材木を運搬する仕事などに携わっていく。そして、一九六九年、ニューギニアでの遠洋カツオ一本釣り漁が再開されると、船員を募って自ら出漁した（インタビュー、二〇〇一年九月）。

一九五〇年に朝鮮戦争が勃発すると、アメリカ軍は沖縄からの密貿易船の取り締まりを強化する。とくに、没収品の中でも真鍮や薬莢などの非鉄金属（スクラップ）に目を光らせた。沖縄から流れた非鉄金属が香港のマーケットを経由して中国側に渡ることを危険視したからである（『沖縄タイムス』一九五一年九月二三日、石原 二〇〇〇）。湾岸警備の強化により、佐良浜の人びとが危険を顧みずに台湾や香港へ渡った密貿易景気は終息していく。宮古地方で具体的な経済政策がない混迷とした時代には、多くの佐良浜漁師がスクラップブームや台湾への密貿易などに関わり、生計を立てたのだった。

佐良浜漁師がその素潜りの長けた技術を戦後復興に役立てたものに、フィリピン北東部に位置する東沙諸島での海人草採集がある。表１―３（五一ページ）をもう一度みてほしい。琉球貿易庁の統計資料をもとに作成した、一九五〇年度の沖縄島から日本本土への輸出品目である。この表によると、海人草が最も多く、ついで黒砂糖、貝殻となる。海人草は、輸出総額の約三〇％を占めている。

一九五〇年度の南北琉球（軍政府下にあった奄美・沖縄）から沖縄本島へ輸入された海人草は、宮古群から三万七二八〇ポンド、八重山郡から一万五九九〇ポンドである（表１―６）。沖縄本島から日

表１－６　1950年度の主な輸入品目における地域別輸入量（南北琉球から沖縄島へ）

（単位：斤）

輸入品目	名瀬	古仁屋	久場	早町	亀徳	和泊	小来	与論	平良	石垣	合計
海人草									37,280	15,990	53,270
貝殻									2,000		2,000
黒糖	74,500	28,070	28,070		2,050	7,300	9,800		275,840	11,150	436,780

（出典）沖縄朝日新聞社（編）（1986）。

本本土へ輸出された海人草は五二万一一九九ポンドであり、海人草交易において宮古・八重山が重要な供給地であったといえるだろう（沖縄朝日新聞社編 一九八六）。

宮古郡政府は一九五一年に、宮古群島条例第五〇号「貝殻海人草検査条例」を発布する。これによって、水揚げされた海人草のうち、群島外で生産された証憑《しょうひょう》のないものは宮古群島産とされた（琉球政府文教局研究調査課（編）一九八八）。聞き取りによると、宮古群島では、伊良部島の南東側や来間《くりま》島の近くのサンゴ礁が海人草の好藻場だった。

しかし、実際には生産高の多くは、佐良浜の漁師たちが「ニシザワ」と呼ぶ東沙諸島から採集してきていた。当時、東沙諸島は領有権問題に揺れていた。一九四九年の中華人民共和国樹立、その前年の蒋介石による中華民国の宣言によって、東沙諸島はそのどちらに帰属するのかが曖昧となったからである。こうした状況のもとで、琉球列島米国民政府は一九五一年に台湾の乾物業者と契約を結んだ沖縄漁師に東沙諸島へ出漁させる許可を与えた（沖縄県農林水産行政史編集委員会（編）一九九一）。これによって、多くの漁師が「合法的に」東沙諸島へ出漁することが可能となったのだ。

佐良浜では、聞き取りによれば、一九五〇年に初めて東沙諸島へ瑞祥丸が出漁したといわれている。何度か東沙諸島へ出漁している元漁撈長は、どのように海人草採集に携わったのかを詳細に語ってくれた。

〈事例　浜川正さん（仮名）　海人草採りの漁撈長〉

ニシザワには、ナチャーラ（海人草）が「草原」のように生えていた。ただ、この瀬（リーフ）に沿って採集していけばよい。採集後、島の砂浜に干す。乾燥人と呼ばれる担当者が約三人、テントに寝泊りしながら、採集した海人草の見張りをした。ニシザワは、魚や高瀬貝、ウニも豊富だった。火薬をしかけて、大量に魚を獲ったこともある。「何万斤（一斤は約六〇〇グラム）もの」シャコガイを採ったこともある。魚は香港に卸したが、高瀬貝は佐良浜に持ち帰り、那覇から来た商人に売った。食生活は、魚が豊富で困ることはなかったという。船長がコップ一杯の泡盛に「夕暮れ時は、こぶし大の黒砂糖ひとつ」を振る舞ってくれるのが、一日の楽しみだった（インタビュー二〇〇一年七月）。

当時、東沙諸島へ出漁した漁師によると、一航海で家が二軒建てられるほど儲けたという。佐良浜から二昼夜半かかる東沙諸島は砂地でできていて、雑木が生えた周囲は二キロにも満たない。平らなため沖からは見落としかねず、船長の腕がためされた。島には、台湾の兵士が駐在していたという。海人草は、漁獲量の三割を兵士に渡さなければならなかった。海人草採りには、冬漁と春漁の二期があった。冬漁は八～一一月ごろ、春漁は三月から台風が来る前の六月ごろ、佐良浜から出港する。潜水しながら採集するため、身体が冷えて辛かったと振り返る人も多いが、伊良部島で漁をするよりも「金になった」という。

そのころ琉球列島米国民政府は、沖縄経済再生のため、戦争によって壊滅した生産基盤を整えることに重点をおきはじめた。佐良浜でも、ガリオア資金によって防波堤などのインフラが整備され、漁船の購入費、船舶の修理資材購入費、網の制作費などが援助され、漁具も配給された。こうして、一九六〇年代に入ると漁業施設が徐々に整い始める。

一九六一年に佐良浜港が第一種漁港(利用範囲は地元の漁船)に指定されると、防波堤や岸壁などの湾岸工事が着工された。初年度は、二一万二七四〇ドルが事業費として投下されている。さらに、五年後には、七〇万五五〇ドルかけて、三四〇〇㎡にも及ぶ船揚場や防波堤が新たに整備された。佐良浜漁港は、アメリカ統治時代に四期にわたって湾岸工事が行われ、合計二五〇万七三四〇ドルが投下されている(資料提供:伊良部町水産課)。

戦前に多くの人びとが関わった南洋でのカツオ一本釣り漁も再開された。一九六九年の日豪租税協定締結後、パプアニューギニア海域で操業したのを皮切りに、一九七〇年にはパラオでも操業が始まる。ソロモン諸島では、一九七三年にソロモン諸島自治政府と大洋漁業(株)の合弁会社が設立された。こうして、多くの佐良浜の男性が再び南洋でのカツオ一本釣り漁に従事するようになった。

佐良浜は、カツオ景気に沸いた。南洋からの送金によって、家屋は茅葺きからコンクリート建築に建て替えられ、分家した家が集落の後背地に建てられた。祝いの盛大さに拍車がかかり、結婚式の引き出物が羽布団一式だったと振り返る人もいるほどである。

終戦から六年後、琉球列島米国民政府によって初めて経済計画が立てられたが、その効果は、米軍基地建設に沸きあがる沖縄島から離れた小島の佐良浜まで届いていなかったのが実情である。離島に生きる人びとは、自らの力で生活を立て直さなければならなかった。このような状況に対して、アメリカが制定した法を犯すことを承知しながらも、ときに、ダイナマイト漁や台湾、香港への密航などの危険を顧みなかった。むろん、このような行動を可能にしたのは、佐良浜漁師に長けた漁撈技術と経験があったからこそだといっても過言ではない。

（3）日本本土復帰と沖縄振興開発計画（一九七二年～現在）

漁業のインフラストラクチャー整備

一九七二年五月、沖縄は二七年間のアメリカ統治時代を経て、日本へ復帰した。これを契機に、沖縄開発庁が新設される。沖縄振興開発特別措置法（現・沖縄振興特別措置法）に基づいて実施された三次にわたる沖縄振興開発計画では、日本本土との経済格差の是正を目標に、道路や港湾、離島架橋、上下水道の普及などの社会資本整備を中心とする政策が展開されていく。

他都道府県より補助率が優遇されていることも、多くの公共事業が実施される結果となった。たとえば、離島架橋事業の場合、国の補助率は、他都道府県では総事業費の二分の一であるのに対して、沖縄県は一〇分の九である。公共事業の実施は、生産部門の基盤整備だけではなく、雇用確保などの経済効果をもたらした。

復帰以後、高率な補助制度に依存する形で、一日も早く本土との格差を埋めようと、さまざまな開発事業が進められてきた。しかし、本土復帰後、その経済構造は、基地依存型から補助金依存型に転換したといわれている（松島 二〇〇二、藤原 二〇〇二）。

この節では、佐良浜の漁業をめぐる開発事業を事例として、復帰以後、具体的にどのような振興政策が展開したのかをみていきたい。その変遷は、現在の佐良浜社会にどのような影響を与えているのだろうか。

復帰以後、まず見直されたのは、港湾整備である。佐良浜ではもともと、石灰岩の岸壁が侵食されて窪んだ入り江を船着場として利用していた。入り組んだ構造をしている岸壁は、天然の防波堤であった。一九七二年に南東の沖に防波堤が着工され、翌年には国の第五次整備計画に基づいて、さらに七〇メートル拡張された。佐良浜港は東に面しているため、北東の風や台風の影響を受けやすい。そこで、対岸の平良や宮古島南部への航路をとりやすいように、東側に防波堤をつくることになる。一九七九年に着工され、二〇〇三年までに数次にわたる整備事業によって、九一〇メートルに拡張された。

また、一九七八年には、西の浜と呼ばれる浜辺が埋め立てられて、アスファルトの道路が敷かれ、小型船舶の船着場として整備された。西の浜は、佐良浜の子どもたちが遊びながら泳ぎを習得していく学びの場でもあり、年に二度ある浜願いの儀礼が行われる聖域でもあったという。現在、浜願いの儀礼は、ガソリンスタンドとなった周囲で行われている。

一九七八年には沖縄県水産業構造改善特別対策事業によって、フォークリフトやベルトコンベアが備え付けられた鉄筋コンクリートの荷さばき場と製氷冷蔵施設など、生産施設も整備された。そ

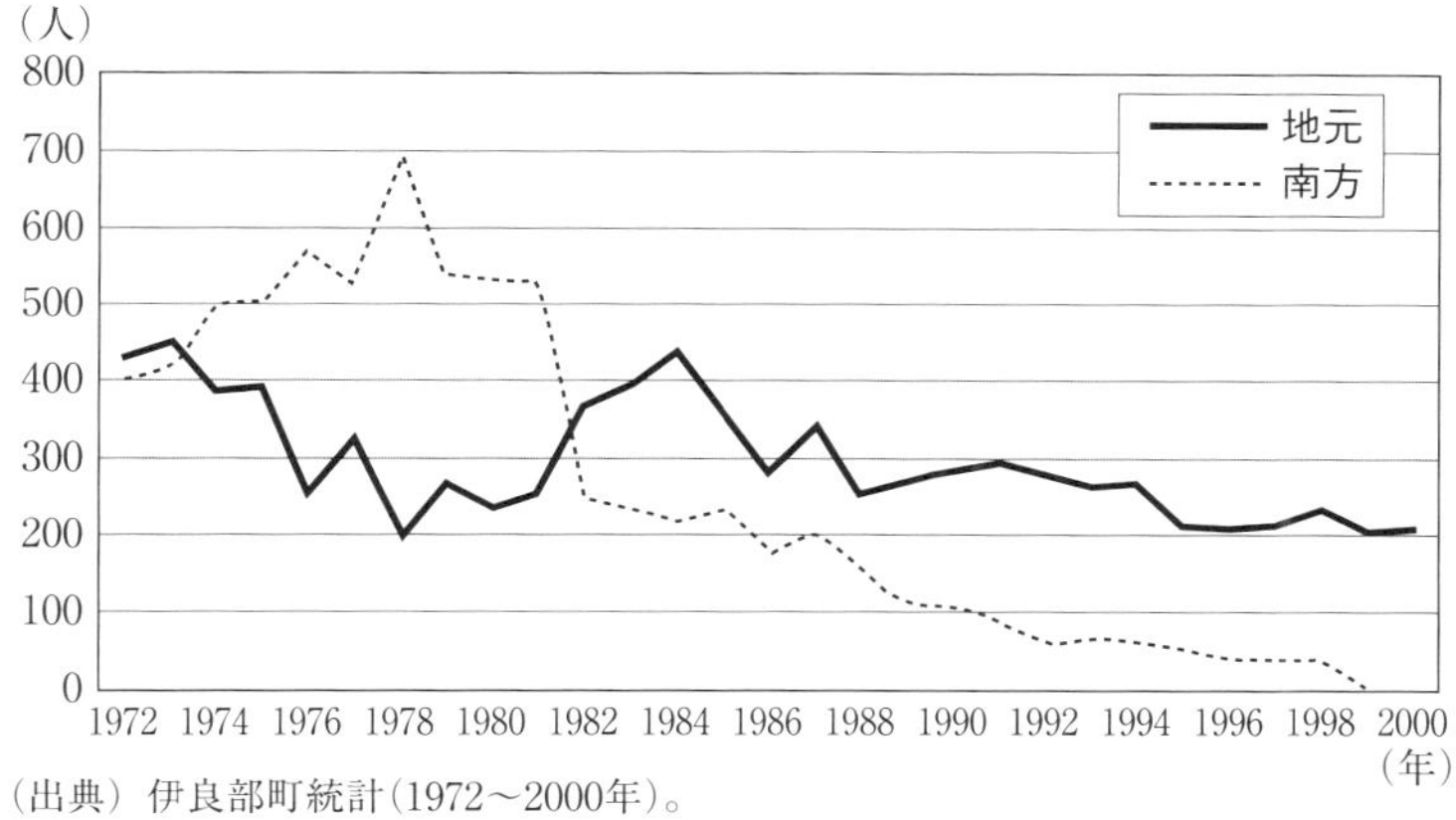

（出典）伊良部町統計（1972〜2000年）。

図１−４　漁業従事者数の推移（南方漁業と地元漁業）

の翌年には、かつお節とかまぼこをつくるための共同処理加工施設が建設された。一日の処理能力は、かつお節が一〇トン、かまぼこが三六〇キロである（資料提供：伊良部町水産課）。こうして生産基盤が整い、佐良浜は、沖縄県で有数のかつお節生産地として名を馳せるようになった。

しかし、このような沿岸漁業の生産基盤が急速に整えられた背景には、カツオ一本釣り漁を中心とした遠洋漁業の衰退があった。図１−４は、佐良浜の漁業従事者数の推移を示している。ピークだった一九七八年には、伊良部町の漁業従事者の約八〇％が南洋へ出漁していた。その後、南洋での漁業従事者数は減少し、一九八二年には地元の沿岸漁業に従事する人が上回っている。

南洋での漁業従事者数が減少した理由は、一九七〇年代後半以降、漁師を派遣していた水産会社が続々と撤退していったことにある。一九七五年にはパプアニューギニアを基地とした報国水産株式会社が、一九七八年には極洋株式会社がそれぞれ撤退した。水産企業が遠洋カツオ一本釣り漁から撤退した背景について、若林良和は、①南太平洋島嶼国での二〇〇海里規制、②水産物の輸入増加による魚価低迷、③遠洋漁業の現地化、④オイルショックによる燃料の価格高騰などを理由として挙げている（若林 二〇〇〇）。

このような政治経済的背景による遠洋漁業の衰退から、復帰以後、沖縄の漁業は沿岸漁業の生産基盤の整備に力を入れていく。とくに、パラオやソロモン諸島、ニューギニアなどのカツオ一本釣り漁基地へ多くの漁師を送り出してきた佐良浜では、出入港の安全性を高めるための湾岸整備やテトラポットの設置、かつお節の加工施設などのインフラストラクチャーを中心に整備された。

また、人工魚礁（パヤオ）の設置によって、キハダやカツオなどの回遊魚の水揚げ高が増えた効果は大きい。パヤオとは、流木などに回遊魚が集まる習性を利用した人工浮き魚礁である。佐良浜では、一九八二年に伊良部町の補助金を受けて試験的に設置された。それ以後、魚群の探索にかかった時間が節約され、マグロやカツオなどの沖合の魚種が効率的に漁獲できるようになったと、漁師に評価されている。

しかし、佐良浜は、那覇などの大市場から遠隔地にあるなど、経済的な問題は残されたままである。一九七八年に宮古空港にジェット機が就航すると、水産物の空輸が可能となった。一九八三年には滑走路が二〇〇〇メートルに拡張され、大型ジャンボ機が就航する。これによって、宮古地域からの農産物や水産物の流通先が、関東や関西の卸売市場などへ拡大した。だが、輸送コストの負担が大きいため、佐良浜で水揚げされるほとんどの魚が、佐良浜と平良で売りさばかれている。

では、限られた市場をめぐって、島の人びとはどのように魚を販売してきたのだろうか。仲買いや漁師へのインタビューを交えながら、魚売りの変遷を追っていきたい。

魚売りの変遷

長年、素潜り漁師として追い込み漁やタコ獲りをしてきた池村信雄さん(一九三七(昭和一二)年生まれ、仮名)によると、三〇歳だった一九六七年ごろまで、水揚げをする漁師が舟の上で自ら魚を販売していた。佐良浜港に近づくと、タライを頭に載せた魚売りの女性たちが栈橋に群がっているのが見えたという。栈橋に舟をつけると、女性たちはわれ先にと欲しい魚を指差し、タライを舟に投げ入れた。なかには、勢いあまって、舟に飛び乗る女性もいるほどだったという。当時を知る漁師たちは、「女は恐いと思った」と口をそろえて振り返る。漁師の妻も直接漁師から買わなければならなかったため、いい魚を仕入れようと誰もが必死だった。

魚を手に入れた女性は、魚でいっぱいになったタライを頭に載せると、伊良部島南部や宮古島の農村へ売り歩いた。長く魚売りの行商に携わった仲間トミ子さん(一九二二(大正一一)年生まれ、仮名)は、そのころ、宮古島へ渡ると、平良だけではなく、平良市街地北部の西原集落や島尻集落まで徒歩で売り歩いたという。片道約八キロの行程である。漁師の獲ってきたブダイ科などの鮮魚だけではなく、佐良浜で作られたかつお節も売り歩いた。夫がかつお節工場に雑木林から採ってきた薪を卸していたので、安くかつお節を手に入れられたという。仲間さんのように鮮魚を扱う魚売りもいれば、アオリイカやタコを専門とする女性もいた。タコは茹でてから売り歩いたという。

このように佐良浜では、一九七〇年代前半ごろまで、女性たちが直接舟から魚を購入して売り歩いていた。だが、しだいに魚売りの女性たちは、ほかの魚売りとの差異をつけるために、扱う商品や売り歩き先などの専門化をはかりはじめる。

長山はるさん（一九三五（昭和一〇）年生まれ）は、佐良浜で初めて冷蔵庫を購入し、魚販売を始めた先駆けである。三三歳だった一九六八年ごろに魚の仲買いを始め、二〜三年後には自宅に小さな雑貨屋を開いた。そして、一九七九年ごろに冷蔵庫を購入して、店頭販売を行う。与那覇善吉さん（一九四八年生まれ）は、九年間従事した南洋でのカツオ一本釣り漁をやめると、一九七八年に仲買いをしていた母親から家業を継いだ。そして、一九八一年に冷蔵庫を購入している。

このころから、浜辺に面した自宅など固定した場所での魚販売が始まった。そして、こうした資本のある魚売りは、特定の漁師と取引関係を結ぶようになった。これが、現在まで受け継がれているウキジュと呼ばれる取引慣行の始まりである。漁師は水揚げのすべてを取引関係にある仲買いに売り、仲買いはこの取引関係にある漁師からすべての水揚げを買い取る。仲買いは、ウキジュ関係にある漁師が獲ってきた魚を独占して販売できるのである。ただし、ザッギョ（雑魚）と呼ばれる小ぶりの魚などもすべて買い取らなければならない。

小規模に魚を売り歩いていた女性には、ウキジュ関係を結ぶほどの資本はない。しだいに魚売りという商売から離れていった。こうして、佐良浜で水揚げされた水産物は現在、伊良部漁業協同組合への委託販売か、漁師と個人的な取引関係を結んだ仲買いによる買い取りとなっている。

一九七二年の復帰以後、佐良浜漁業の生産基盤は沖縄振興開発計画などに基づいて整えられていった。その背景にあったのは、一九七〇年代以降のカツオ一本釣り漁を中心とした遠洋漁業の衰退である。島に多くの漁師が戻り、沿岸のサンゴ礁を利用した漁撈や新しく設置された人工魚礁、パヤオでの曳き縄マグロ漁などに従事した。一方、多くの女性が関わった魚売りにも、資本のある人が専門化するなど変化がみられた。

3　グローバル市場の周縁に生きる島嶼経済

調査地域の概要として、自然環境や社会環境、生業、そして近代沖縄と現代沖縄をめぐる過去約一〇〇年を大きく三つに分けて、水産資源の商品化の移り変わりと人びとがどのように関わってきたのかを考察してきた。

カツオ一本釣り漁が導入される以前、佐良浜では自給自足的な沿岸漁業が営まれていた。二〇世紀初頭にカツオ一本釣り漁、かつお節生産が導入され、水産資源を換金性の高い商品として加工生産することが可能になる。カツオ一本釣り漁という商業的な漁業の登場は、佐良浜に大きな社会変化をもたらした。人びとは共同出資によってカツオ船を造船し、新しい産業に飛び込んでいく。活餌となるタカサゴ科などの稚魚に恵まれた自然条件だけでなく、佐良浜漁師がカツオ一本釣り漁に欠かせない活餌を獲る素潜り漁に長けていたことも、カツオ一本釣り漁が急速に発展した理由のひとつである。

一九三〇年ごろから終戦にかけては、政府や企業家の後押しを受け、南洋群島や英領北ボルネオのシアミル島などでかつお節やツナ缶詰を生産するために、多くの漁師や女工が移民として渡っていった。外部から持ち込まれた商業的漁業が、生業形態だけではなく、地域社会に大きな影響を与えるきっかけとなったのだ。宮内泰介は、このような沖縄におけるかつお節産業の開始について、沖縄が近代日本のナショナル・エコノミーに組み込まれていく過程であったと述べている(宮内二〇〇二)。

グローバルな政治経済的な変化の影響を受けたのは、漁師だけではない。女性の暮らしもまた、大きく変動した。本書では、とくに漁業に携わる男性について述べてきたが、終戦後、多くの女性が魚売りに従事した。女性たちは港で漁師から直接魚を買うと、タライの中に魚を入れて頭に載せ、伊良部島南部や平良の各地に売り歩く。なかには、宮古島北部の島尻まで歩く女性もいた。その後、しだいに資本のある女性が漁師の魚をすべて買い取る仲買いへと、魚売りが専門化していく。

2節では、水産資源の商品化の移り変わりを軸に、近代沖縄と現代沖縄の約一〇〇年間を振り返ってきた。商品としての魚を獲る漁撈活動は、政治経済的な変動に大きく影響を受ける生業といえるだろう。海と共に生きる人びとは、これまで培ってきた民俗知識と経験を駆使して、激動する沖縄の政治経済的状況を乗り越えてきたのである。

(1) 高良倉吉は、沖縄の歴史を次の五つに時代区分した。先史時代、古琉球(グスク時代から一六〇九年の島津侵入まで)、近世琉球(島津侵入から一八七九年の琉球処分まで)、近代沖縄(琉球処分から一九四五年の第二次世界大戦終戦まで)、現代沖縄(第二次世界大戦終戦から現在まで)(高良 一九八九)。

第２章

素潜り漁師の自然認識と民俗分類

グルクン（タカサゴ科）の稚魚の群れを追い込んだ袋網を上げる（2003年６月）

1 素潜り漁師の自然認識

アオリイカの追い込み漁の参与観察のため、漁師の小舟(スーニガマ)に同乗したときのことだ。彼らの知識の深さを実感することが何度もあった。

ある日、水面に船影や自分の顔、空さえも鏡のように映るほど、海は凪いでいた。のぞきこむと、ようやく水面下の様子をうかがうことができる。しかし、舟の親方は、ゆっくりと細い航跡を引きながら、水面を滑るように進み、ひとつのサンゴ礁に舟を導いた。そこは、礁斜面が溝のようになっていて、引き潮のときにアオリイカが好んで群れる場所だった。ふだんサンゴ礁内の微地形の位置は、そのリーフに立つ波しぶきや色、波紋の変化が目印となる。ところが、筆者の目からすれば、その日、見渡すかぎり海は鏡のように水面よりも上の世界を照らして、波しぶきさえない。

いったい、この漁師はどうやって、このサンゴ礁に舟を導いたのか。どのように、漁師が見ている世界に近づくことができるだろうか。私は、彼と同じ舟に乗りながら、まったく違う空間の広がりの中にいるのだと驚愕した。

第2章では、サンゴ礁を利用する漁師がどのように自然を認識しているのか、参与観察と聞き取りによる調査資料から、漁撈活動を支える民俗知識について述べていきたい。前章でみてきたように、佐良浜の漁撈活動において、サンゴ礁は重要な活動空間である。サンゴ礁の海底には、造礁サンゴが生育する岩場ばかりではなく、砂や砂泥からなる場所もあり、海草類が繁茂するところもある。海草藻場には、原生生物から脊椎動物まで、さまざまな生物が生息している。

さらに、サンゴ礁は、浅瀬の礁原や海側に傾斜する礁斜面など変化に富んだ地形構造をしている。たとえば礁斜面には、緩やかに傾斜する場所や、ほとんど垂直に切り立った急傾斜な場所もある。礁縁は、櫛の歯のようにぎざぎざとした構造の縁脚や縁溝が発達している。本書で取り上げる素潜り漁師は、このような複雑な地形構造をしたサンゴ礁を生業の舞台としており、その活動を支える民俗知識を育み、蓄積してきた。

本章では、次章におけるサンゴ礁利用と漁撈活動の分析に先立って、聞き取り調査によって得られた一次資料をもとに、素潜り漁師によるサンゴ礁微地形や潮汐現象、風に関する民俗知識、漁場や魚の名称と命名法について分析する。そして、ある素潜り漁師の描いたスケッチマップを手がかりに、どのように漁場空間の全体像が認識されているのか、民俗知識との関係から明らかにする。

2　漁撈活動を支える民俗知識

(1)　サンゴ礁の微地形

一〇〇以上の台礁が点在する八重干瀬《やびじ》

初めに、佐良浜の素潜り漁師が漁場として利用する自然環境について概観したい。その活動域は、伊良部島や宮古島周囲の裾礁やパッチ礁、池間島から北側に位置する巨大な台礁群など広域にわたる。なかでも、この台礁群は佐良浜漁師から八重干瀬と呼ばれ、島から離れた台礁が約一〇キロ四方にわたって一〇〇以上も点在する。

宮古諸島周辺のサンゴ礁は、冬季に北寄りの風の風上となる北東側の礁原は広く発達するが、風下となる南西側はあまり発達していない。たとえば、宮古島の東海岸では裾礁が発達し、その内側は浅い礁池である。礁縁から外洋へ傾斜する礁斜面における緩斜面では造礁サンゴが豊かに発達し、その先は急斜面や崖状の地形となっている。

詳細に分類されるサンゴ礁微地形

佐良浜の素潜り漁師は、サンゴ礁の複雑な微地形を詳細に分類し、方名を与えている（七六・七七ページ図2―1）。伊良部島の周囲は、切り立った海食崖や、ごつごつとした離水サンゴ礁、砂浜からなる。この海食崖下の離礁サンゴ礁はスバナと呼ばれ、その海岸の入り組んだ岩陰にはエラブウナギが好んで生息する。旧暦五月と六月の一日には、シモフリアイゴの稚魚が沖から押し寄せてくる。これは、スバナの岩場に繁茂するスフモと呼ばれる海藻を食べるためだと考えられている。砂浜はヒダと呼ばれる。

そして、ヒダから白波がたっている礁原の間の礁湖（礁池）は、イナウである。伊良部島北西の白鳥崎から下地島まで広がる礁湖は、大潮になると膝丈ほどに潮が引く。ただし、佐良浜の素潜り漁師の漁撈活動空間の中心となる八重干瀬やフデ岩では、潮が引いても水深が一〇メートル以上のイナウもある。

シとは礁原を指し、最も高い礁嶺はヒシヌハナと呼ばれている。礁原はその構造によって、さらに微細に区別される。たとえば、礁原の割れ目はバリ、その外洋側の入り口はヒシウッと呼ばれる。バリは、イナウから外洋へ出る水路や潮汐の変動によって、移動する魚の通り道になる。網漁では、このバリに沿って袖網を張り、入り口に袋網を設置する。つまり、活動域のどこにこのようなバリがあるのかを知っているかが、サンゴ礁を利用して漁を行う漁師にとって重要である。

礁原から沖側は、礁斜面の傾斜の度合いによって呼び分けられている。アラハは緩斜面、ナガウは急斜面、ミバタは急崖を指す。サンゴ礁によっては、ナガウもアラハも潮が引くと水深が一〇メートルより浅くなる場合がある。ウーギャンやツナカキヤーなどの追い込み漁では、アラハやナガウに発達した造礁サンゴに生息する魚を漁獲対象とする。

海面からアラハの底が見づらくなったあたりをヒシヌフカと呼ぶ。その外洋はウキ（沖）あるいはフカと呼ばれ、海底にはジュニと呼ばれる地形的な高まりがある。伊良部島と宮古島の間などに点在する、側面の面の切り立った小さいサンゴ礁は、ミジュキと呼ばれる。漁師によると、このミジュキの礁縁にはスジアラやイソフエフキなど高値で売れる魚が生息する。

礁縁は、櫛の歯のようにぎざぎざとした地形を呈しており、バタとトゥガイ（縁脚）に呼び分けられている。とくに、礁縁が湾のように湾曲した場所は波の影響を受けにくいため、アオリイカなど潮流の弱いところを好む生物が群れる。こうした場所は、バタマガイまたはブーと呼ばれる。反対にタカサゴは潮先を好むため、サンゴ礁地形の中でも潮流に向かって突き出たトゥガイに群れる。

このように、サンゴ礁の微地形やその位置、そこにどのような生物が生息しているのかを熟知して

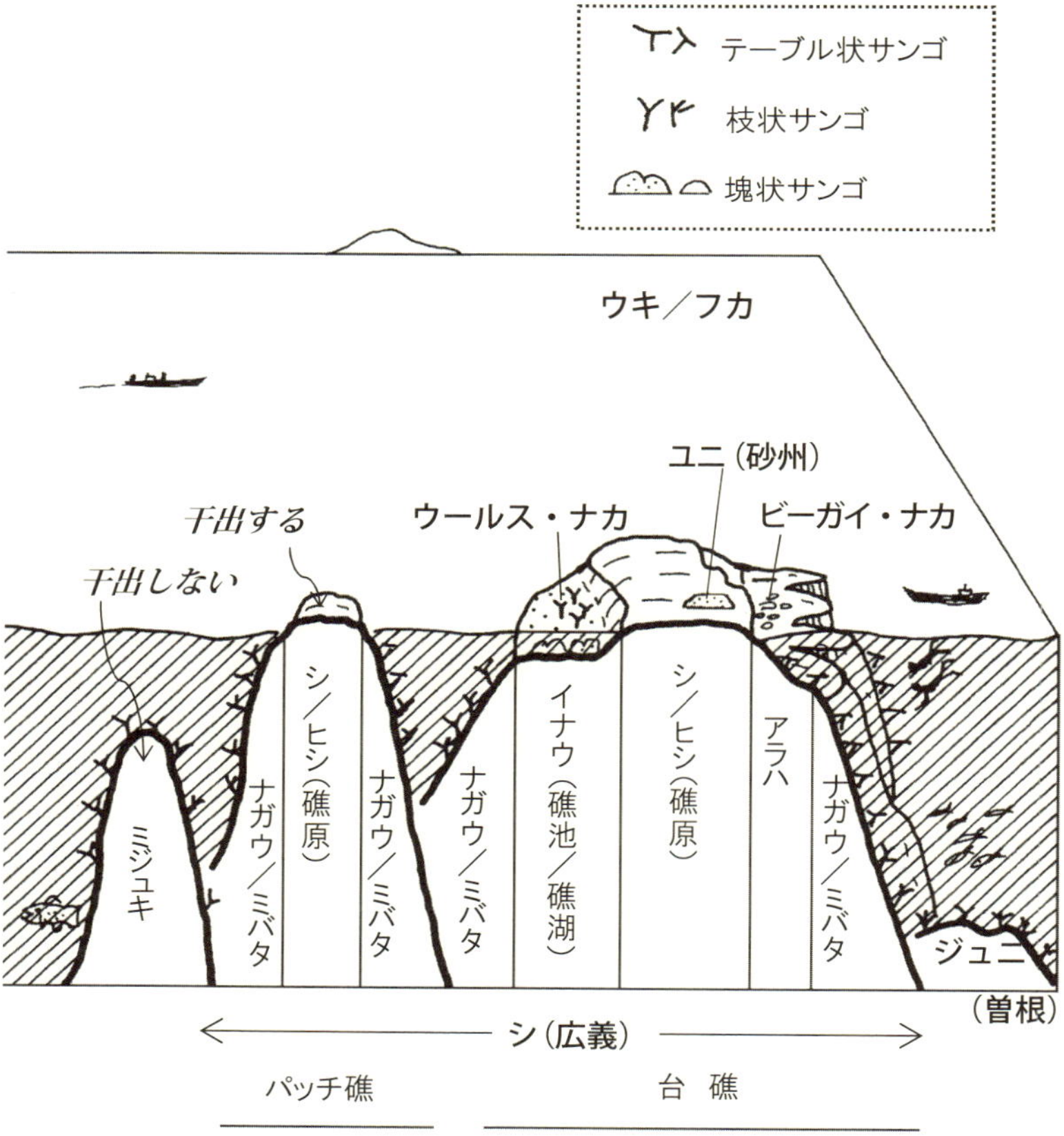

サンゴ礁微地形模式図と方名

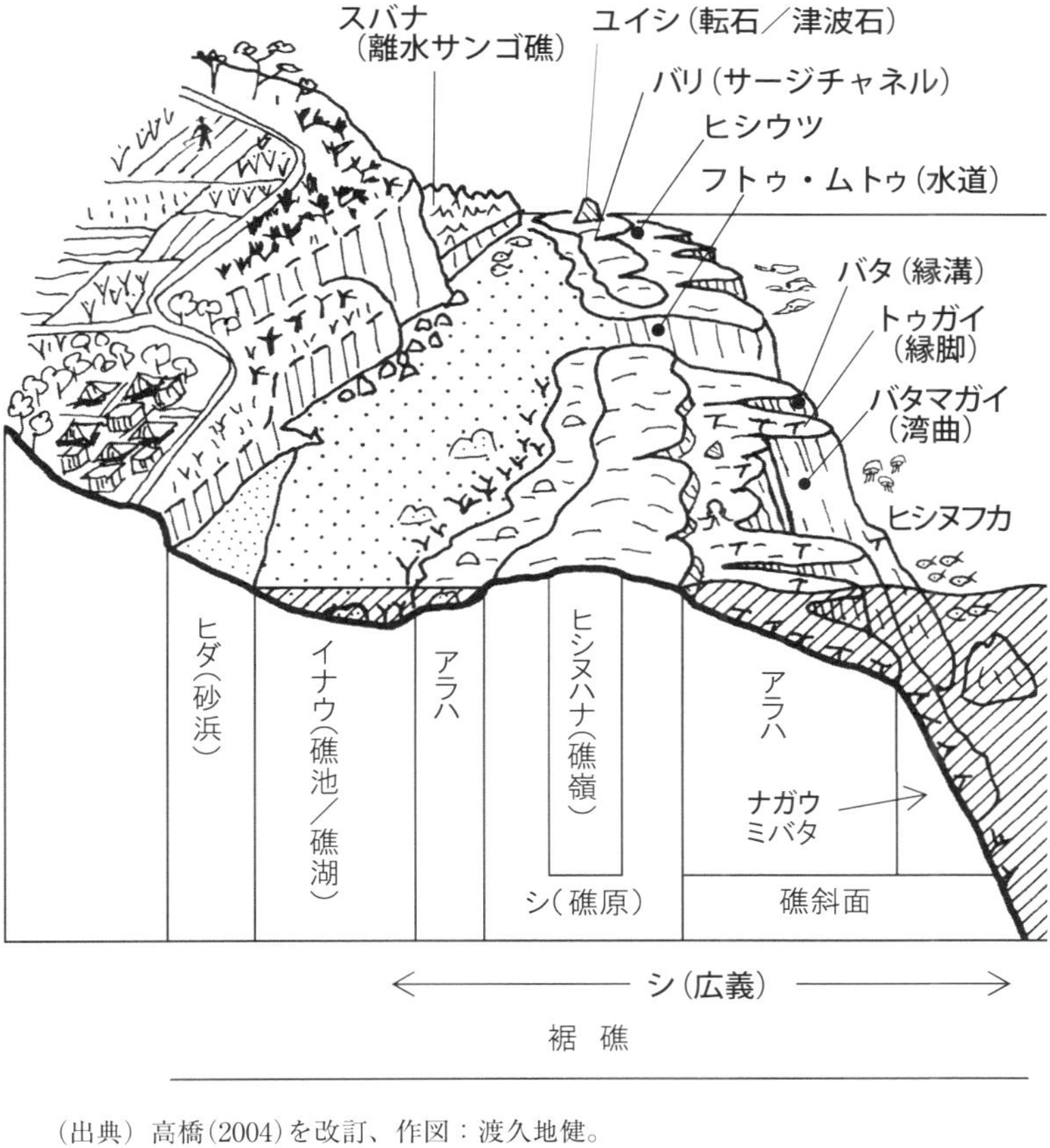

(出典) 高橋(2004)を改訂、作図：渡久地健。

図２−１　伊良部島・佐良浜の

表2－1　海底の底質と方名

底　質	方　　名	底質の状態
岩　礁	ナダラ・ナカ	なめらかな岩礁
砂　礫	ビーガイ・ナカ	手のひらサイズの石
	カイライシ・ナカ	引っくり返すことのできる石
	イシガイラ・ナカ	根の付いていない死んだサンゴや石
	ウナグズゥ・ナカ	砂地
	サダリ・ナカ	死んだ枝状サンゴ片
サンゴ	ウルース・ナカ	造礁
藻　場	ムー・ヌ・ナカ	藻場

いることが漁の成果の決め手となる。

八つに分類される海の底

佐良浜の素潜り漁師は、底質によって、サンゴ礁地形の海底を八つの名称で呼び分けている（表2－1）。ナカとは、海底を意味する。海底の名称は、ナカという基本語に、底質の状態を表す修飾語がつく。

たとえば砂礫《されき》が堆積した海底は、その状態によって五つに分けられる。ビーガイは手のひらサイズの石を指し、これが敷き詰められている海底をビーガイ・ナカと呼ぶ。八重干瀬のガウサと呼ばれるサンゴ礁の西側の海底は、ビーガイ・ナカである。一人で引っくり返すことのできる石をカイライシと呼ぶ。ビーガイとカイライシは、死んだサンゴや石が台風などの波浪によって運ばれ、生成されるといわれている。根の付いていない岩はイシガイラと呼ばれ、波浪によって運ばれてくると考えられている。

漁師によると、ビーガイ・ナカやカイライシ・ナカ、イシガイラ・ナカの海底には藻が生えていて、サザナミハギやクログチニゼなど、藻食性の魚が多種生息する。実際、フジャン・ヌ・ヒゲ（ジュゴン・の・ヒゲ）と呼ばれるリュウキュウスガモなどの海藻が繁茂する場所は、商品価値の高いアイゴやシロクラベラなどが生息するという。

そして、死んだサンゴが波にもまれて砕かれた破片をサダリ、サダリが敷き詰められた海底をサダリ・ナカと呼ぶ。礁池内の砂地は、ウナグズゥ・ナカと呼び分けられている。ウナグズゥには、タコが巣穴をつくるときに吐き出すといわれる砂（ビーズゥ）も含まれる。

さらに、ウルース・ナカと呼ばれる造礁サンゴのある海底では、枝状サンゴが豊かに発達している一帯をアジャーナ、発達していない岩肌のような一帯をハダカキと呼び分けている。テーブルサンゴのなかでも規模の大きいものをヒシダイ、小規模なものをヤーダイという。ヒシダイやヤーダイの間にはサザナミハギなどの魚類やイセエビなどが生息しており、モリツキ漁の好漁場として注目される。漁師によると、冬になると、スガイディと呼ばれる枝状のサンゴに、コブシメ（コウイカの仲間）が産卵のために集まる。産卵後もこのサンゴ周辺に群れるため、スガイディは別名「漁師の貯金箱」とも呼ばれる。その位置を他の漁師に教えることはめったにない。

佐良浜では、サンゴをウルースと呼ぶ。ウルースの種類は、形状や色、生息する生物の種類などによって識別される。とくに、アカウルジャ（赤いウルース）、カサビ（扇）、タカウルース（高いウルース）は、リュウキュウヒメジやアカモンツキなどのヒメジ科の魚が多く生息する場所として知られている。終戦まもないころに佐良浜で盛んだったダイナマイト漁は、島の南東に位置するミューガンと呼ばれる漁場のタカウルースで頻繁に行われたという。このため、島周囲のタカウルースはほぼ壊滅している。

ハマサンゴなどの塊状サンゴはツグッリと呼ばれ、漁師によると、その窪みにタコが好んで生息する。タコを捕獲すると、別のタコがすぐにそこに棲みつくという。外洋側礁原には、台風など強風の波浪によって砂が堆積し、砂州《さす》が形成される場合がある。これはユニと呼ばれる。また、礁原には波浪によって運ばれた転石(リーフブロック)が点在する。これをユイシと呼び、漁場の位置を把握する際に目印として使われる場合がある。満潮時にサンゴ礁が水面下に隠れても水面より上に見えるユイシは、位置を確認するための目印として漁師にとって重要である。

直接的な経験から呼び分けられるサンゴ礁

最後に、多義的な言葉である「シ」についてみていきたい。シとは、干出する礁原のみを指す場合、礁原と礁斜面であるアラハやナガウを含めて指す場合、さらに漁場そのものを指す場合がある。佐良浜では潮干狩りのことをシ・フンといい、直訳すると「シを踏む」となる。この場合、シは潮干狩りの際に歩くことのできる陸的な存在としての礁原を意味している。ところが、シは礁原のみならず、低潮位時にも水深が二〇メートル以上となるアラハやナガウといった礁斜面も含むと説明されることもある。つまり、シという民俗語彙は、使われる状況によって示す内容が異なる。

以上のように、素潜り漁師の活動の舞台となるサンゴ礁は、漁獲対象となる生物の生息場所や習性といった生態学的な知識や、漁法に利用する地形構造などの技法的な知識とセットとなって、理解されている。なかでも、底質や地形構造によって生息する生物が異なることに注目し、海底を八つの名称に呼び分けていた。このことからもわかるように、素潜り漁師は、潜水という直接的な経験をとおしてサンゴ礁を詳細に観察していることが指摘できる。

（２）潮汐現象

浅瀬に生息する魚は、潮汐の変動に応じてサンゴ礁を移動する。したがって、漁師は潮汐現象とそれに応ずる魚の生態をよく知らなければならない。サンゴ礁海域に限らず、潮汐現象は漁撈活動において重視される自然条件のひとつである。とくに、佐良浜の素潜り漁師が漁場とするサンゴ礁は水深が浅く、複雑に入り組んでいる。このため、サンゴ礁ごとに潮汐の変動に応じた干満差や潮流の方向が異なった特徴をもつといわれている。素潜り漁師は、潮汐現象について詳細な民俗知識を育んできた。

潮汐現象のサイクルには、一日の潮汐の変動と、約一五日を一周期とする時間単位がある。前者の時間単位では、約六時間ごとに干潮と満潮が繰り返される。佐良浜では、引き潮をスーシィ、最も潮が引いた干潮をスーヒャーリという。一方、満ち潮はンチュで、最も潮が満ちた満ち潮はウフスーンティである。素潜り漁師によると、スーヒャーリとウフスーンティの前後約一時間は、潮の流れはほとんど感じないほど弱くなる。この状態をスドゥルンと呼び、一日の漁撈活動の中で重要な時間帯である。

引き潮から満ち潮になると、潮流の方向が変わる。この変わり目の時間帯をスーガイという。潮が流れてくる先を好む魚など魚の習性に影響を与えるため、潮の向きを知ることは、とくに網漁を営む漁師にとって重要である。

表２－２　引き潮（日周期）の方名

時　間　帯	引き潮の方名
午前２～４時ごろ	シャーカ・ジュウ
日の出	ヒトゥムティ・ジュウ
午前９～10時ごろ	サナカ・ジュウ
午後２時ごろ	ヒーマ・ジュウ
午後４～６時ごろ	ユサラビ・ジュウ
午後11～午前１時ごろ	ユナカ・ジュウ

引き潮は、時間帯によってさらに細かく分類される。表２－２は、時間帯と引き潮の名称を示している。佐良浜では、午前二～四時ごろの時間帯をシャーカ、このときに引く潮をシャーカ・ジュウという。また、日が昇った午前中をヒトゥムティ、この時間帯に引く潮はヒトゥムティ・ジュウという。この二つの朝に引く潮を総称してハージュウという。

引き潮によって水深の浅くなった縁溝や湾曲部に群れる魚を狙って追い込み漁やモリツキ漁を行うなど、潜水による漁法を営む漁師にとって、潮汐現象による水深の変化を知ることは重要である。また、スドゥルンと呼ばれる潮どまりの時間帯にかけて、ふだんは潮流が早く泳ぎづらいところを中心にまわるなど、潮の流れの変化にも注目している。さらに、網漁では引き潮になると、深みへ移動しようとする魚の習性を利用して、魚道となる縁溝に袋網と袖網を設置する。会話のなかでも、どこの瀬（サンゴ礁）の潮が「きつかった（強かった）」など引き潮を話題にしている場合が多く、素潜り漁師の漁撈活動は満ち潮よりも引き潮により大きな関心をもっている。

一方、約一五日を周期とした潮汐現象は、どのように理解されているのだろうか（表２－３）。旧暦一～三日の潮は干満差が最も大きく、ウフ・スーツと呼ばれる。漁師によると、この時期の潮の流れは速いため、泳ぎにくく、追い込み漁には適さないという。旧暦四～六日の潮はスーツと

表2−3　潮の名称(月周期、旧暦)

旧　暦	方　　名
1〜3日	ウフ・スーツ、スーティ・ジュウ
4〜6日	スーツ、スーシィ
7日	ナンカ・ジュウ、ヒトゥムティ・ジュウ
8〜11日	バカスゥ、ナマスゥ
12〜15日	スーンティ、スーティ・ジュウ

呼ばれる。この期間は、出港する早朝五時半ごろにはすでに干潮になっている。帰港するまでの間、満潮に向けて潮が動くため、潮が満ちても活動がしやすいように、水深の浅いサンゴ礁を中心にまわる。旧暦七日の潮名をナンカ・ジュウといい、朝六時ごろに潮が引き始める。この日から潮の流れが緩やかになるといわれ、その状態をナンカ・ジュウ・ヌ・スダウリ(七日の潮がおりる)という。

旧暦八〜一一日の潮名は、バカスゥあるいはナマスゥである。この期間の潮の流れはほとんどなく、漁師にとって泳ぎやすい。そこで、ふだんは潮の流れが速くて漁ができない漁場を中心に漁をする。旧暦一二〜一五日ごろはスーンティといい、正午ごろに潮が引く。旧暦一日と一五日のころは最も潮が引く。このため、素潜り漁を営む漁師は、ふだんは深くて潜ることのできない漁場を中心にまわる。

このように、素潜り漁師は潮汐現象のわずかな変動に注目している。八重干瀬は大小さまざまなサンゴ礁が入り混じっているため、潮の流れが複雑である。とくに、潜水漁では身体に潮の影響を直接受けるため、潮汐現象の微妙な変化にも注意しなければならない。佐良浜では、一日の引き潮を六つに区別していることや月周期による干潮の時間帯の変化に注目して区別していることからも、引き潮を重要とみなしているといえるだろう。潮の引き始めに魚やアオリイカが潮先や浅瀬に移動するといった生態的な特徴と、潮が引けば潜水深度が浅くてもすむという身体的な理由から、引き潮という時間帯が素潜り漁師にとって重要であることが示されている。

（3）季節を告げる風

季節を告げる風も、漁師が重視する自然現象のひとつである。なかでも、突風が吹く季節には、その危険を回避するために天気の変化に注意しなければならない。また、風によって、魚の漁期を知ることもできるという。

たとえば、旧暦一二月と一月には、ヒツノカディと呼ばれる冷たい北風が恒常的に吹き、波浪が高くなる。池間島の北側に位置する八重干瀬は風を遮るものがないため、好漁場ではあるが、この時期には危険なため漁場として利用されない。旧暦二月になると、ニガツマーイと呼ばれる突風が北から吹き荒れることがあるという。この前後は天気が変わりやすく、それぞれアラ・ニガツマーイとアト・ニガツマーイと呼ばれ、北の空が曇り始めたらすぐに島に引き返したほうがよいといわれている。素潜り漁師によると、ニガツマーイが過ぎたかどうかは、モクマオウのミジュルと呼ばれる芽の向く方向やカニの巣穴の方向の変化から知ることができる。

旧暦三〜四月は、ビーズンと呼ばれる穏やかな季節である。このころの穏やかな風を、ビーズン・ヌ・カディと呼ぶ。一年で最も潮が引く旧暦三月三日の大潮はサニツと呼ばれ、この日は漁師も漁を休み、家族とともに潮干狩りに出かける。旧暦四月上旬〜五月上旬は、バォスゥ（芒種）と呼ばれる南寄りの突風が吹く。朝九時ごろから午後三時ごろまで吹くが、午後四時ごろになると無風状態になるという。風が不安定に吹くこの時期、漁師の間では、いつ突風が吹くか予測できないため、南の漁場に行くのを避けたほうがいいといわれている。

旧暦五月一日前後になると、雷が頻繁に鳴る。雷はシモフリアイゴの稚魚（スフ）を産み落とし、激しく鳴れば鳴るほどその年のスフ漁は大漁になるといわれている。そして、旧暦五月中旬ごろになると、天候が落ち着き、風も無風に近く、晴天が続く。このころから波浪が少なく、海は安定した状態になり、一年のうちで最も漁がしやすい季節である。

旧暦六月下旬から九月までは、台風シーズンになる。宮古地方は「台風銀座」と呼ばれるほど、勢力の強い台風が頻繁に襲う。台風が近づくと南風から東寄りの風に変わるので、漁師は台風が遠方で発生したばかりだとしても、その存在を知ることができるという。台風の中心が過ぎると、風向きが変わる。これをカイシウツという。

旧暦九月になると、タカ科のサシバが島に飛来してくる。かつては空が真っ暗になるほどの大群が、来間島の方向から飛んできたという。現在は天然記念物に指定されているため、捕獲はできない。以前はこの時期になると、おとなも子どももサシバ猟に出かけた。「海の幸はカメ、山の幸はサシバ」といわれるほど、その味は美味だという。休息したサシバが再び南下するころの風は、タカノヤー・ブイ・カディ（タカの家・吹く・風）と呼ばれる。サシバを獲るために木の上に作られた、タカノヤーと呼ばれる小屋が、ときには吹き飛ばされることがあるという。かつて、島の女性たちは、この突風で吹き飛ばされた小屋の残骸をかまどの燃料にするため、かき集めた。

旧暦九月や一〇月は、シブクダルと呼ばれる台風のように強い突風がときどき吹く。だが、旧暦一一月になると、春のビーズンのように穏やかな天候になる。この安定した状態をスサンツといい、再び重要な漁撈活動のシーズンとなる。この時期に吹く微風をスサンツヌカディと呼ぶ。

佐良浜の素潜り漁師の漁撈活動空間は島から離れているため、風の影響を直接的に受ける。風向きによっては帰島が困難となるから、潮と波浪の関係に注意しなければならない。このため、島周囲の裾礁だけではなく、島から離れたサンゴ礁も漁場として利用してきた佐良浜漁師は、風の性質に関する知識を蓄積してきた。

(4) 漁場の地名

次章で詳述するが、佐良浜では、漁撈集団によって漁法の組み合わせや対象となる魚種が異なる。それゆえ、漁師たちが出漁前に前日のお互いの漁の成果や、自分はターゲットとしない魚類が群れていた場所、潮の状態などについて情報を伝え合っている姿がよく見られる。その際、目撃場所を示すのに地名が重要な役割を果たす。

ここでは、サンゴ礁を漁撈活動の場とする素潜り漁師が日常的に使用する漁場の地名を取り上げる。その範囲は、スーニガマで日帰り操業ができる八重干瀬や池間島、宮古島、伊良部島の周囲一帯である。この海域のサンゴ礁の特徴は、島を囲む裾礁が発達しているだけでなく、陸から離れた小さなサンゴ礁が無数に点在していることである。

こうした自然環境に、素潜り漁師は地名をつけている。漁撈活動の参与観察と複数の漁師の聞き取りから、二二三カ所の地名を採集できた。これらはいずれも、潜水による漁法を選択する漁師に一般的によく知られた地名である。素潜り漁師は、どのように漁場となる場所に地名を与えているのだろうか。漁場の特徴と命名法について、山田孝子が植物命名法の分析で用いた手法を参照にしながら分析したい（山田 一九八四、一九九四）。

大漁場「ムトゥ・ビジ」の名づけられ方

命名法の分析により、漁場の認識のあり方は二種類あることがわかった。ひとつはムトゥ・ビジ（元・瀬）と呼ばれる大漁場で、もうひとつはムトゥ・ビジに付属すると意識される小漁場である。いくつかのムトゥ・ビジの地名とその原意について表2―4で示した。それでは、ムトゥ・ビジはどのように命名されているのか、具体的にみていきたい。

ムトゥ・ビジの名称は、二つのタイプに分けられる。まず、地名を構成する語彙素からその地形の状態や位置がわかるものである。とくに、その海底の状態や位置、方位を表現する民俗語彙から構成される。たとえば、アナ・ダウ（穴・多い）と呼ばれる漁場の海底にはたくさんの岩穴がある。形状が丸いサンゴ礁であるマル・ガマ（丸い・小さい）や、平らなサンゴ礁であるスサ・ビジ（平たい・瀬）なども、その例である。スー・フキャ（潮・吹く）と呼ばれる岸壁の周囲は、風が強い日には潮が岩にぶつかり、潮が吹き上げる。

宮古島の海岸近くの漁場には、近接する陸上の地名がつけられたものがある。したがって、その位置は陸上の地名から推測できる。たとえば、宮古島南部に位置する上野宮国の海岸は、裾礁が沖合に向けて発達している。このあたりを、素潜り漁師はミャーグン・フッ・ビジ（宮国・大きい・瀬）と呼ぶ。やはり宮古島南部の保良海岸には、地下水が湧き出る自然の井戸がある。このあたりのサ

表2－4　ムトゥ・ビジの地名の一例

命名の指標		地名	意味
地名から地形の状態や位置がわかる	状態	アナ・ダウ	穴・多い
		マル・ガマ	丸い・小さい
		スサ・ビジ	平たい・瀬
		ナガ・ジャー	長い・瀬
		タカ・ビジ	高い・瀬
		バラ・トゥガイ	バラバラ・縁脚
		フッ・バマ	大きい・浜
	地名	ボラ・ガー	保良(地名)・井戸
		トモイ	友利(地名)
		ミャーグン・フッ・ビジ	宮国(地名)・大きい・瀬
	方位	イー・シュラ	西・岬
		ハイバラ・ヌ・ミジュキ	南・の・小さなサンゴ礁(ミジュキ)
		アガイ・ヌ・ンミ	東・の・嶺
		ハイ・フトゥ・ムトゥ	南・口・元(南の入り口)
地名からは地形の状態や位置がわからない	海洋生物	ンナ・ヌ・ヤー	サザエ・の・家
		サユイ・ヌ・ヤー・ツブ	サヨリ・の・家・壺
		イラウツ・ビジ	ブダイ・瀬
		サグナ・ナガ・ビジ	ホラガイ・長い・瀬
		ウル・ビジ	サンゴ・瀬
		トゥトゥ・ヌ・ハラン	ハリセンボン・の・腹
		シー・ヌ・ヤー	カタクチイワシ・の・家
		マービツ・ヌ・ヤー	スズメダイ・の・家
		ジャゴ・ヌ・ヤー	活餌・の・家
	物語・歴史・伝説	カニ・ヌ・ヤー	鋳金・の・家
		マム・タガ・ヤー	マムさん・の・家
		アメリカ・ガタ・ガ・シタ	アメリカ・たち・の・下
		カンギダツ	馬のたてがみ
		タイリョウ・ビジ	大漁・瀬
		ロクマン・ジュニ	六万斤・曽根
		トゥズ・シ	妻・死
		カニガマ・ウッザ・ガ・ハナレ	かにがま・おじいさん・の・離れ
	人体の部位	カナマラ	頭
		カナマラ・マエ・ビジ	頭・前・瀬
		カナマラ・グシ	頭・腰
		ドゥ	胴
	生活道具	アイフ	籠
		カヤ・フキャ	茅・吹く
		ナビ・ツブ	鍋・壷
		フゥーニ・ビジ	船・瀬
	現在の民俗語彙では由来がわからない	ガウサ	
		クンカディ	
		ヒグマラ	
		シモトゥヌツ	
		キジャカ	
		ンビャンドゥ	

ンゴ礁は、ボラ・ガー（保良・井戸）と呼ばれる。素潜り漁師によると、地下水が流れ込むため、ボラ・ガーの水温は冷たい。ウェットスーツが普及する以前、冬になるとこの海域で泳ぐのが嫌だったと振り返る古老漁師も多い。

また、池間島北方にあるの八重干瀬の中には、よく利用されるサンゴ礁との位置関係から名づけられる漁場がある。たとえば、キジャカと呼ばれる大きなサンゴ礁のそばには、小さなパッチ礁が二つ並んでいる。この場所は、イーニャ・アガイニャ（西の家・東の家）と呼ばれる。とくに、スズメダイ科のなかでも美味といわれるアマミスズメダイが群れる場所として、素潜り漁師に知られている。ハイ・フトゥ・ムトゥ（南の入り口）は、八重干瀬の中で南に位置する。これらの漁場の地名は、その構成する民俗語彙から海底の状態や位置などが推測できる。

もうひとつのタイプは、地名を構成する語彙素からは地形の状態や位置がまったくわからないものである。これらの地名にはその漁場の物理的な状態についての情報が付加されておらず、地名からはどういう場所なのか知ることができない。

たとえば、サンゴ礁の分布を人体に見立てて、その位置関係でカナマラ（頭）やドゥ（胴）と名づけられたものがある。また、魚や貝類などの方名がつけられたものがある。サグナ・ナガ・ビジ（ホラガイ・長い・瀬）、ンナ・ヌ・ヤー（サザエ・の・家）、トゥトゥ・ヌ・ハラン（ハリセンボン・の・腹）、サユイ・ヌ・ヤー・ツブ（サヨリ・の・家・壺）などは、ホラガイ、サザエ、ハリセンボン、サヨリの方名が用いられる。漁師によると、これらの漁場には、現在では必ずしもこれらの生物が多く生息しているわけではない。

生息する生物の情報が埋め込まれた地名

一方で、そこにどのような海洋生物が生息するのかという情報が地名に埋め込まれる場合もある。たとえば、ジャゴ・ヌ・ヤー(活餌・の・家)やシー・ヌ・ヤー(カタクチイワシ・の・家)などである。これらは、カツオ漁の活餌となるカタクチイワシなど魚種が群れる場所として知られている。

また、物語や歴史が語られる漁場もある。ロクマン・ジュニ(六万斤・曽根)は昔、糸満漁師が六万斤(三六トン)のグルクン(タカサゴ)を獲ったという逸話がある。現在でも、タカサゴを獲るアギヤーの好漁場である。そのほか、中国との交易をしていた進貢船が座礁して金属製品が沈んだといわれているカニ・ヌ・ヤー(鋳金・の・家)、戦後アメリカ軍が駐在していた海岸のアメリカ・ガタ・ガ・シタ(アメリカ・たち・の・下)、女性でも簡単に浜へ降りられる小道があるミドゥン・オリンツ(女性・降りる)などだ。

トゥズ・シ(妻・死)からは、人間の欲深さと残虐さが物語られる。ある大潮の日、島から離れた小さなサンゴ礁に潮干狩りに出かけた夫婦がいた。二人は、サザエ採りに夢中になった。そして、貝や魚が舟いっぱいになったことに満足した夫は、妻と一緒に来たことをすっかり忘れてしまい、妻をそのサンゴ礁に残したまま島へ舟を走らせたという。だが、潮が満ち始めても、夫は戻らなかった。その後、妻を再び見る者はいなかったという。こうして、この場所は、妻が死んだサンゴ礁として名づけられている。

一方、現在の民俗語彙ではその由来が推測できないものもある。大きな湾やなだらかに傾斜する礁斜面が広がるガウサやキジャカ、ヒグマラは、素潜り漁師にもスキューバを利用する漁師にもよく利用される漁場である。しかし、現代の佐良浜でその語源を知る人はいない。

次に、ムトゥ・ビジに付属する小漁場の地名について注目したい。小漁場の地名は、どのように名づけられるのだろうか。たとえば、アガイ・ガウサ（東・ガウサ）やヒグマラ・マエ・ビジ（ヒグマラ・前・瀬）、カナマラ・グシ（頭・腰）などがある。東西南北やマエ（前）やグシ（腰、後ろ）などの民俗方位や位置関係を意味する語彙とムトゥ・ビジの地名がセットになり、大漁場との位置関係が示される。

このように名づけられたサンゴ礁は、とくに小さなパッチ礁が点在する八重干瀬に多い。ウッ・グス（家・腰）は、ウツと呼ばれるサンゴ礁よりも北側に位置し、佐良浜から望むとウツの後方に見える。よく利用されるサンゴ礁とサンゴ礁との間にあるため、バシ・ヌ・シ（間・の・瀬）と呼ばれるものもある。大神島《おおがみ》の東もパッチ礁が点在する好漁場で、とくに島の南東部には、大神島の後ろを意味するウガン・グス（大神・腰）と呼ばれるサンゴ礁が広がる。

漁場内の小地名

このように名づけられた漁場内は微地形を指標として、さらに細かく地名がつけられている。たとえば、ガウサやキジャカのように大きなサンゴ礁の礁原は、湾のようになっている場所や岬のように突き出た場所、割れ目のように急に水深の深くなる縁溝など、複雑な構造をしている。ガウサには、イー・シュラ（西・岬）、イナウ・ヌ・バタマガイ（礁湖・の・湾曲）、アガイ・ガウサ（東・ガウサ）など、その微地形に着目した小地名が複数つけられている。魚によって、潮先を好むものや縁溝のように波浪をしのげる場所を好むものなど、その習性が異なる。また、網漁では、魚道となる溝の位置が重要となる。このような魚の習性や漁法の特徴から、サンゴ礁の微地形が詳細に区別されて名づけられている。素潜り漁師はこのように名づけられた漁場について、その位置だけではなく、海底の構造や底質、生息する生物、潮流の変化の特徴なども熟知している。

たとえば、筆者はある漁撈集団の漁撈活動を参与観察しているとき、他の漁撈集団の漁師に「今日はイフ・ヌ・イナウに行った」ともらしてしまったことがあった。すると即座に、その漁師は「マブユ（テングハギ）を獲ってきたね」と反応した。実際、その日はモリツキ漁でテングハギを主に漁獲していた。イフと呼ばれる漁場の礁湖には、ハマサンゴが点在している。素潜り漁師はこのサンゴをマブユ・ヌ・ヤー（テングハギ・の・家）と呼び、モリツキ漁の好漁場として注目している。マブユ・ヌ・ヤーがイフ・ヌ・イナウに点在していることは、素潜り漁を行う漁師によく知られた漁場情報なのである。

さらに、潮の流れが速いなど、漁をするのに危険な場所に地名がつけられることもある。タラマ・ビジやドゥ・ヌ・リッピョウと呼ばれる漁場は、潮の流れが速い場所として知られている。追い込み漁で使用する袖網が倒れてしまうほどである。しかし、旧暦七日ごろのスドゥルンと呼ばれる潮の流れが止まったような状態のときには潮の流れが弱くなるため、これらの漁場でも漁を行うことができるといわれている。

漁場を意味する「シ」という民俗語彙によって表現されたサンゴ礁は、袖網や袋網を設置するために利用する微地形や潮汐現象、生息する生物などの多彩な知識によって分節されている。地名とは、このように分節された場所の名称である。しかし、地名に集約された民俗知識とは、サンゴ礁を利用した漁撈活動という経験が共有されてこそ、その価値が見出される。同じ素潜り漁師でも、パヤオ漁など沖で漁をする漁師は、八重干瀬の地名を聞いただけでは、それがどこなのか、どのような場所なのか、何が生息するのか、まったくわからない。

共有される民俗知識としての「地名」

たとえば、二〇〇〇年一〇月のある日、一人の素潜り漁師が日暮れになっても港に戻らなかった。エンジンが故障して身動きが取れなくなったのだ。翌朝、佐良浜のすべての漁船が総出で捜索し、イフと呼ばれる漁場へ真っ先に向かった素潜り漁師が、行方不明となっていたその舟を発見した。遭難した漁師は、イフの礁湖にアンカーを降ろして眠っていたという。

サンゴ礁で素潜り漁をする漁師にとって、イフは広大な八重干瀬の真中に位置するうえ、礁湖も広いので、波浪の影響を受けにくい穏やかな場所として認識されている。ライフヒストリーの聞き取りでも、エンジン導入以前に、帆をかけたスーニガマによって泊りがけで漁をしていたころ、イフの礁湖の塊状サンゴにロープをくくりつけて夜を過ごしたという話をよく聞いた。こうした八重干瀬というサンゴ礁群の経験が素潜り漁師の間で共有されているからこそ、「遭難」した漁師は、避難場所として知られているイフに誰か救助に来るはずだと、安心して眠ることができたのではないだろうか。

これらの事例からも、漁場の地名を知っているということは、その位置のみならず、特定の場所に関する多彩な民俗知識も理解しているといい換えられるだろう。

3　魚の名称と命名法

(1)　魚の民俗分類

サンゴ礁に生息する多様な魚類を、佐良浜の素潜り漁師はどのように名づけているのだろうか。本書では、沖縄に生息する魚類のカラー写真付き図鑑(横井　一九八九)を用いた二七三種の魚カードを作成し、情報提供者と一対一で呼称の聞き取り調査を行った。情報提供者は、素潜り漁を営む七人の漁師である。聞き取りは、二通りの方法を取った。まず、調査者が魚カードを一枚ずつ見せ、魚名を聞き取りした。次に、すべてのカードを渡し、自由に分類してもらい、その包括的なグループ名と分類の指標について聞き取りした(福井　一九九一)。このほか、水揚げの参与観察中に魚を直接指差し、周囲の人びとに聞き取りをした場合もある(写真2－1)。

一つの種に対する呼び名が情報提供者によって異なる場合は、採集したなかで最も多いものを採用した。民俗知識をめぐる個人差は重要な問題ではあるが、ここでは命名法の特徴について分析するため、取り上げないことにする。二つ以上の種を一つの名称で説明する場合は、一つとしてカウントした。一方、同じ種であっても性別によって区別されている場合は、二つとしてカウントした。とくに、包括されない種もあったため、必ずしも収集したグループ名にすべての魚カードが分類さ

写真２−１　魚カードを使った聞き取り調査（2004年）

れるわけではない。

佐良浜では、魚類のことをゥズと呼ぶ。この聞き取りでは、ゥズに含まれる個々の方名は一九〇採集された。これは生物学的な分類における二五一種に対応する。このうち、一つの方名に複数の生物学的な種が対応する方名が五二あり、一つの方名に生物学的な分類における一種の魚が対応する方名は一三八あった。そのうち、生物学的分類では同種であるが、性別による色彩の違いや大きさなどによって呼び分けられている魚類が九種あった。

採集した方名が構成する語彙素を分析すると、他の魚の方名や複数の方名に共通する下位区分の名称を含まない第一次語彙素と、アカ・イラウツ（赤い・イラウツ）やウヤキ・イラウツ（お金持ち・イラウツ）、クス・ファヤ・イラウツ（糞・食べる・イラウツ）のように、「イラウツ」という名称で呼ばれる区分が並列的に複数存在する第二次語彙素に区別できる。

第一次語彙素をさらに詳しくみると、単一でこれ以上分解不可能な語彙素からなるものと、分解可能な語彙素から構成されるものに区別できる。たとえば、単一の語彙素からなる方名には、トンボを意味するアオスン(セナスジベラ)や髭の生えた男性を意味するオジサン(タカサゴヒメジ)など、形態や生態的特徴を描写的に表現しているものと、スバタラ(サザナミハギ)やヌブサ(カンムリベラ)のように現代の佐良浜の民俗語彙では意味不詳のものがある。

一方、複合的で分解可能な語彙素から構成される第一次語彙素からなる方名は、一一種類あった。ひとつは、分解可能ですなわちアカ・ゥズ(赤い・魚)やフィーイ・ゥズ(大きい・魚)のように、「ゥズ」という魚類を示す語彙を含むものである。もうひとつは、複合的な語彙素から構成されるが、他の魚の方名や複数の方名に共通する下位区分を示す名称を含まないものである。こうした分解可能だが魚類を示す語彙「ゥズ」を含まないものには、説明的で記述的なものが多い。たとえば、キツネベラを指すアマン・ファヤは「ヤドカリ・食べる」を意味し、その捕食対象という生態的特徴に由来する。オイランヨウジを指すイン・バウは「海・這う」を意味し、海底を這うように進む行動の特徴が示されている。このような方名は合計二七あった。

これら第一次語彙素に対し、他の魚の方名や複数の方名に共通する下位区分の名称を含む第二次語彙素は九五あった。たとえば、スジアラのアカ・ディン・ニバラ(赤い・銭・ニバラ)、アオノメハタのガラサ・ニバラ(カラス・ニバラ)、オオモンハタのタク・ノ・バン・ニバラ(タコ・の・番・ニバラ)には、「ニバラ」という語彙素が共通して含まれる。「ニバラ」を含む方名は、合計一三あった。ま

- 第一次語彙素（95）
  - 単一・分解不可能（65）
  - 分解可能（30）
    - 「ゥズ」を含む（3）
    - 「ゥズ」を含まない（27）
- 第二次語彙素（95）

（出典）松井（1991）を参考に作成。

図2－2　魚の方名と語彙素

た、「ユラ」という語彙素を含む方名は、「青い・ユラ」を意味するアウ・ユラ（ナンヨウハギ）、「赤い・ユラ」を意味するアカ・ユラ（赤い・ユラ、メガネクロハギ）、「かさぶた・ユラ」を意味するサミ・ユラ（ゴマハギ）の三つからなる。

これらの方名は、他の魚の方名や複数の方名に共通する語彙素に対して、形態や色彩などを修飾する語彙素が付加される構造となっている。つまり、語彙素分析により、これらの魚は、ある共通性から同じカテゴリーとしてくくられながらも、形態や色彩などの違いから個別のものとして識別されていることが指摘できる。

この語彙素分析の結果をまとめたものが図2－2である。魚の方名を他の魚の方名や複数の方名に共通する下位区分の名称を含まない第一次語彙素とそれらを含む第二次語彙素に区別すると、九五ずつと割合は同数であった。第一次語彙素の構成について分析した結果、六八％を占める六五の方名は単一で分解不可能な語彙素から構成されていた。一方、残り三二％を占める三〇の方名は分解可能な語彙素から構成され、このうち「ゥズ」を含むものが三、「ゥズ」を含まないものが二七であった。

採集できた一九〇の方名のうち、第二次語彙素として半数を占める九五が他の魚の方名や複数の魚類に共通する語彙素を含み、修飾語が付加される構造になっていた。これらの方名は、ひとつひとつの魚が色彩や模様、生態的特徴によって弁別されると同時に、ある共通性や類似性への関心によって魚が「仲間」としてまとめられていると指摘できる。

山田孝子は、他との類別的認識の過程に基づいて命名されたものを包括名、他との区別を前提として命名されたものを個別名と呼び分けている(山田 一九八四、一九九四)。魚名の語彙素分析から明らかになったように、素潜り漁師の魚の認識のあり方は、複数の魚に対して、あるカテゴリー名を与えて一つの集合としてみなしながらも、その集合内の個別の違いを詳述できることにある。たとえば、情報提供者へのインタビューで、個別名がなかなか思い出せず、「これは、これこれの仲間なんだけどなあ」と繰り返されることが、しばしばあった。つまり、呼び名の記憶が薄れても、日常生活でその魚を他の種との共通性から一つの集合にまとめていることがうかがえる。

本書では、山田にならって、他の種と区別するために命名されたものを個別名、ある共通性から複数の種を一つの集合として類別したものを包括名と呼ぶことにする。

(2) 個別名

着目される指標

ここでは、他の種と区別された魚はどのような点が着目されているのかを明らかにするために、個別名の命名法について分析していきたい。

前節でみてきたように、魚の個別名は基本名となる語彙素からなるものと、基本名に修飾語となる語彙素が合わさって構成されるものがある。修飾語となる語彙素の分析により、命名の際に着目される指標は、魚の体色(色彩)、模様、形態、生態的特徴の四つに大きく分けられることがわかった(図2—3)。最も多かったのは色彩に着目した個別名で、全体の約四一%を占める五六あった。そのうち、アカという赤や黄などを示す語彙素からなる個別名が最も多く、半数以上の三一あった(図2—4)。次に青を示すアウという語彙素が三六と多く、その他にフフ(黒)、スス(白)、黒の象徴であるカラスを意味するガラサという語彙素がある。

色彩の次に多かったのは、魚の形態に着目した指標である。形態に着目した修飾語は、形態の状態と他の物質との類似性から形容されたものに分けられる。状態を示すものには、長い、平たい、

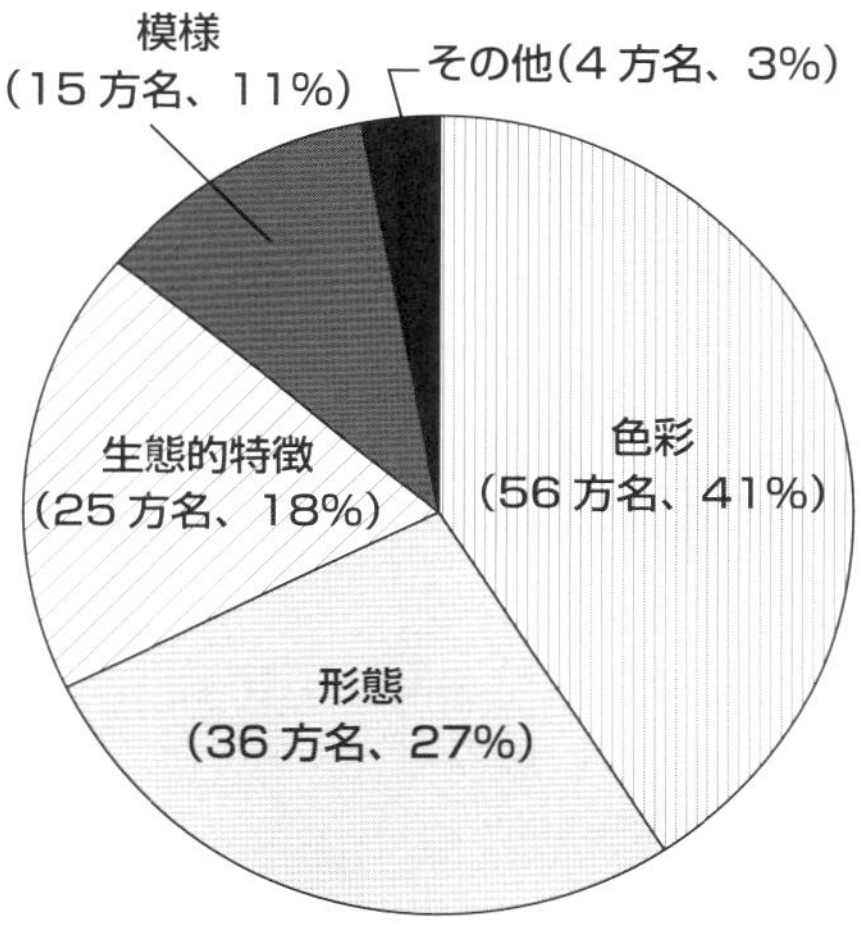

図2—3　命名法と指標(n＝136)

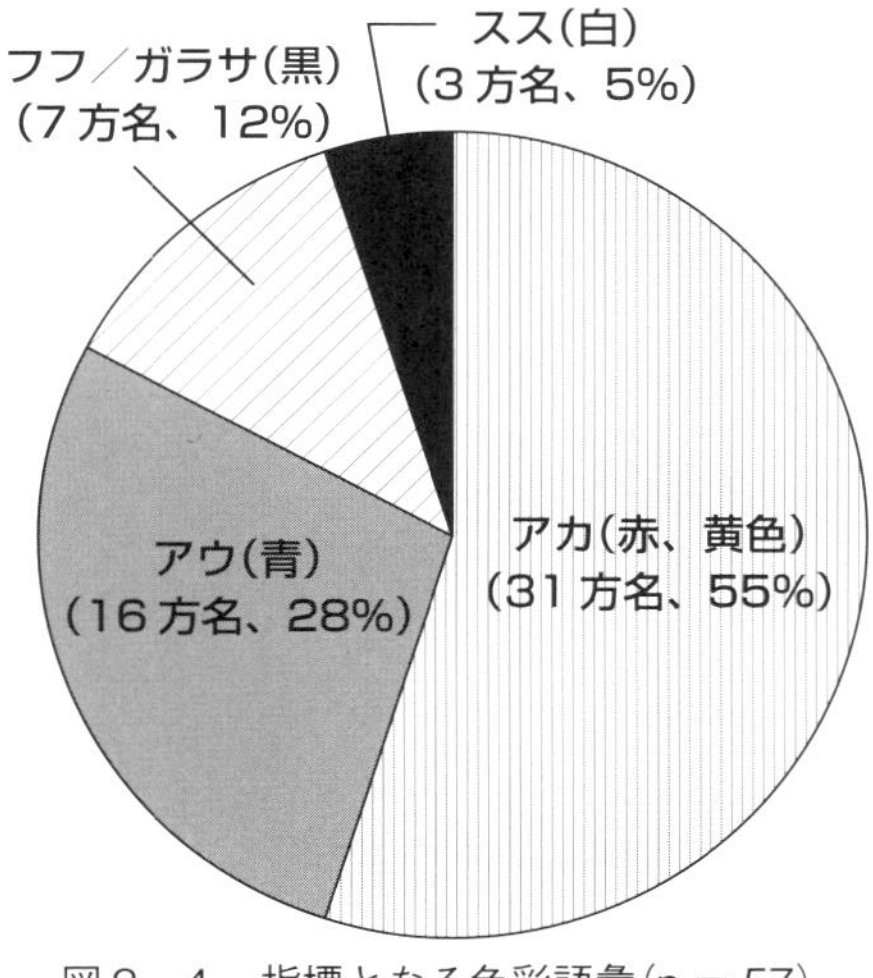

図2—4　指標となる色彩語彙(n＝57)

幅が広い、大きいを意味する語彙素がある。類似性に着目したものには、ヌーマ（馬のように長い鼻）やヤージュマ（ヤモリのような形）、カタナ（刀のように平たく長い）などがある。生態的特徴に着目した修飾語は、魚の行動、捕食対象、生息場所に分けられた。とくに、生息場所に関して、サンゴ礁微地形の礁湖を意味するイナウ、底質を示すムー（藻場）やグー（岩礁）などを意味する語彙素がある。

個別名の名づけられ方

それでは、具体的にどのように個別名が命名されているのかをみていきたい。表2−5は、魚の個別名の一例と命名の指標を示している。

まず、体色を命名の指標とする場合である。前述したように、色彩を示す語彙素には、アウ（青）やアカ（赤・黄）、フフ（黒）、スス（白）、ガラサ（カラス）があった。たとえば、ニジハタはアカ・ニバラ（赤い・ニバラ）、アカヒメジとウミヒゴイはアカ・イジャン（赤い・イジャン）と呼ばれる。ミヤコテングハギは下尾骨

和　名
カメレオンブダイ、ヒブダイ（オス）
ミヤコテングハギ
ハゲブダイ（メス）
テンジクイサキ
コクハンアラ
ムスジコショウダイ
クロヘリイトヒキベラ（オス）
ナガブダイ（オス）
ヒトミハタ、サラサハタ
ナミスズメダイ
オビブダイ（オス）
ミナミハコフグ
クギベラ
ササムロ
オグロトラギス
ツノダシ
サザナミヤッコ、ロクセンヤッコ
ハナグロチョウチョウウオ、ヤリカタギ
ヨコシマタマガシラ
アカモンガラ
キツネベラ
ツキノワブダイ
ハクセイハギ
クロハタ、ユカタハタ、シマハタ
ユメウメイロ
オオモンハタ
ミゾレブダイ

表2−5　命名において着目される指標とその一例

着目される指標		方名	意味
色彩		アウ・ツゥーパ	青い・出っ歯
		アカ・ジュウ・ガーミ	赤い・斑点・カーミ
		アカ・バ・イラウツ	赤い・歯・イラウツ
		フフ・ババ	黒い・ババ
模様		アヤ・アカ・ディン・ニバラ	綾模様・赤い・銭・ニバラ
		アヤ・ハイヴァカマ	綾模様・ハイヴァカマ
		インドゥヤン・イラウツ	インド人・イラウツ
形態	状態	ナガ・ウタヤ	長い・おでこ
		ナガ・ウツ・ニバラ	長い・口・ニバラ
		フッヴァイ・ビツ	幅の広い・ヒツ
		ウヤキ・イラウツ	お金持ち・イラウツ
	類似	クータンマ	枕
		ヒーダキ・フキャー	ホイッスル・吹く人
		ヘラー	スクリュー
		ヤージュマ・ゥズ	ヤモリ・魚
		ユヌンブ	天秤
生態的な特徴	行動	ゴーゴー・カビッチャ	威嚇音・カビッチャ
		マラウイ・カビッチャ	男性性器・カビッチャ
		トゥルン	ボーとしている状態
		マジラク	一直線に進まない状態
	捕食対象	アマン・ファヤ	ヤドカリ・食べる者
		クス・ファヤ・イラウツ	糞・食べる・イラウツ
		ウルゥス・ブラ	サンゴ・折る
	生息場所	ジャゴ・ヌ・バン・ニバラ	活餌・の・番人・ニバラ
		イナウ・アウ・ガナマラ	礁湖・青い・頭
		タク・ノ・バン・ニバラ	タコ・の・番人・ニバラ
		ムー・ヌ・イラウツ	藻場・の・イラウツ

あたりの黄色い斑点に着目して、アカ・ジュウ・ガーミ（赤い・斑点・カーミ）と呼ばれる。また、ハゲブダイのメスは体色が黒いのに対して上あごと下あごが赤いため、アカ・バ・イラウツ（赤い・歯・イラウツ）と呼ばれる。同様に吻《ふん》（魚の口の先）が着目されるのは、カメレオンブダイとヒブダイのオスである。これらは、アウ・ツゥーパ（青い・出っ歯）と呼ばれる。イロブダイのメスは下あごから尾びれにかけて黒いため、フフ・ヌイ（黒い・塗

る)と呼ばれる。

次に、模様から命名される場合である。佐良浜では、縞模様をアヤ(綾)と呼ぶ。たとえばコクハンアラは、その胴体の背から腹にかけた縞模様から、アヤ・アカ・ディン・ニバラ(綾模様・赤い・銭・ニバラ)と呼ばれる。そのほかにも、アヤ・アジ(ホシカイワリ)、アヤ・ヌブサ(ブチススキベラ)、アヤ・ハイヴァカマ(ムスジコショウダイ)がある。

さらに、模様は、あるものとの類似性に着目される場合がある。たとえばインドゥヤン・イラウツ(インド人・イラウツ科)と呼ばれるクロヘリイトヒキベラのオスは、腹から尾にかけて複数の色がある。これは、インド人のサリーのように色鮮やかだと表現される。佐良浜のカツオ一本釣り漁師は、第二次世界大戦後モルディヴ諸島にカツオ漁のため出漁している。素潜り漁師が、実際にサリーを目にしたとも考えられる。その鮮やかさが、印象に残ったのだろうか。一方、クロヘリイトヒキベラのメスの体色は、薄緑のほぼ一色である。オスに比べて地味な体色のメスについては、聞き取りや水揚げの際のインタビューでも、イラウツ(ブダイ科)の仲間だと指摘しても、個別名を答えられる人はいなかった。

体色が黒いことから、カラスに類似性を見出す場合もある。たとえば、佐良浜でカラスを意味するガラサという語彙素が用いられるガラサ・ビツ(モンスズメダイ、タカサゴスズメダイ)やガラサ・ミーバイ(イシガキダイ)である。一方、アオノメハタを指すガラサ・ニバラの場合は、体色ではなく、上あごがカラスの嘴のように黒く、鋭利である形態から名づけられている。

着目される個別性と類似性

このように魚の形態を命名の指標とする際には、その性質や状態に着目する場合と、ある物質との類似性から形容する場合の二つに分けられる。ナガブダイのオスは、その前頭部が高く出ていることからナガ・ウタヤ（長い・おでこ）と呼ばれる。一方、メスはその体色に着目され、アカ・ヌイ（赤い・塗る）と呼ばれる。

また、吻の長さに着目される場合もある。ヒフキアイゴやマジリアイゴは他のアイゴと比べて吻部が長いことから、ナガ・ウツ・アカ・アイ（長い・口・赤い・アイゴ）と呼ばれる。同様な例に、ナガ・ウツ・イジャン（オオスジヒメジ）やナガ・ウツ・マーユ（キツネフエフキ、シモフリフエフキ）がある。フッヴァイ・ビツ（幅の広い・ヒツ）と呼ばれるナミスズメダイは、スズメダイのなかでも下あごから背にかけて幅が広いことに着目される。

魚の内臓や肉の質の状態を命名の指標とする場合もある。オビブダイのオスは、ブダイ科の他の種と比べて肝臓が大きいため、ウヤキ・イラウツ（お金持ち・イラウツ）と呼ばれる。佐良浜ではオビブダイの肝臓は食べないが、肝臓が大きいと腹部に脂がのって美味しいと好まれる。

さらに、あるものとの形態的な類似性に着目して命名される事例をみていきたい。ミナミハコフグは、その四角い形状が木製の枕に類似していることから、クータンマ（枕）と呼ばれている。クギベラは、その突き出た吻をホイッスルに見立てて、ヒーダキ・フキャー（ホイッスル・吹く人）と呼ばれる。オグロトラギスは、長細い胴体との類似からヤージュマ・ゥズ（ヤモリ・魚）という。ツノダシは、長く伸びる背びれを持ち上げると左右を均衡に保つことができることから、ユヌンブ（天秤）

と呼ばれている。

カスミチョウチョウウオは、体の隅が黄色く、その内側は白くて四角い。この四角形を新聞に見立てて、シンブンと呼ばれる。佐良浜では食さないが、浅いサンゴ礁で網漁を行うとよく網にかかる、馴染み深い魚である。シロオビブダイは、上あごがオウムのように弓形に曲がっているため、オーム・イラウツと呼ばれる。これらは、身の回りにあるものや動物などに類似性を見出し、名づけた事例といえるだろう。

生態的な特徴への鋭い観察眼

次に、魚の生態的な特徴から名づけられる事例をみていく。テリトリー意識の強いサザナミヤッコやロクセンヤッコは、侵入者に対して音を出して威嚇することから、ゴーゴー・カビッチャ（威嚇音・カビッチャ）と呼ばれている。ゴーゴーは威嚇音の擬音語である。ハナグロチョウチョウウオやヤリカタギは、ペアで泳いでいることが多く、オスがメスのあとを追い回すという形容からマラウイ・カビッチャ（男性性器・カビッチャ）と呼ばれる。

捕食対象に着目する場合もある。たとえば、前述のように肉食性のキツネベラは、ヤドカリを食べるといわれ、アマン・ファヤ（ヤドカリ・食べる者）と呼ばれている。ツキノワブダイは、他の魚の糞を食べるといわれ、クス・ファヤ・イラウツ（糞・食べる・イラウツ）と呼ばれる。

一方、魚の生息場所の特徴が命名の指標となる事例がある。肉食性のクロハタは、岩礁や造礁サンゴの底層に単独で泳ぐ。佐良浜では、クロハタはカツオ漁の活餌となるテンジクダイが生息する場所周辺に棲むといわれ、ジャゴ・ヌ・バン・ニバラ（活餌・の・番人・ニバラ）と呼ばれる。ウメイロモドキとユメウメイロは、その生息場所が礁湖内か外洋かによって、アウ・ガナマラ（青い・頭）とイナウ・アウ・ガナマラ（礁湖・青い・頭）とに呼び分けている。これらは、漁師の鋭い観察眼によって生態的な特徴が認識されて、命名されているといえるだろう。

ここまで、色彩と模様、形態、生態的な特徴が命名の指標となっていることをみてきた。こうした事例からみられるように、このように名づけられた魚には、魚類分類学上は同じ種であっても、その性別によって異なる個別名で区別されている場合がある。また、異なる種であっても、同じ個別名が与えられる場合がある。

もうひとつのサイエンスとしての細やかな識別方法

とくに、ブダイ科は性別によって、その体色が異なるものが多い。魚類分類学上は同じ種であっても、異なる方名によって名づけられている場合があった。たとえば、イチモンジブダイのオスは吻から頬にかけて青い線がある。佐良浜では、口ひげのある巡査をイメージし、イチモンジブダイのオスをジュンサ・イラウツと呼ぶ。一方、メスは全体が薄紅でありながら、腹部に緑や青など鮮やかな色が部分的にある。これを腹部が破けていると表現し、ンナカ・ピーキャ（おなか・破ける）と呼び分けている（口絵4a、4b）。また、前述したハゲブダイは、メスはその吻の色彩に着目されてアカ・バ・イラウツ（赤い・歯・イラウツ）と呼ばれ、オスは体色の青さからアウ・ミバタ（青い・ミバタ）と区別される。

さらに、ブダイ科のなかには、分類学上の種は異なっても、形態と配色の類似性から同じ種類とみなされて、命名される場合がある。カワリブダイとヒメブダイは、吻部が丸いなど形態が似ている。加えて、それぞれのオスとメスは体色の配置が似ている。オスは頭部から背にかけて濃紺で、腹から全体にかけて明るい青緑色である。メスは全体的には薄黄で、頭部から背にかけて灰色である。このため、カワリブダイとヒメブダイのオスはアウ・アヤガニ、メスはアカ・アヤガニと呼び分けられている。また、オビブダイとヤマブキベラ、クロヘリイトヒキベラのように、特徴的な体色のオスには特定の個別名があるが、イラウツ（ブダイ科）の仲間として認識はされているものの薄黄色の単色であるメスには特定の個別名がない場合があった。

(3) 魚を束ねる包括名

これまでみてきたように、個別名の語彙素分析と素潜り漁師の鋭い観察眼をもとに、サンゴ礁に生息する多様な魚種が、その生態的な特徴や形態などを着目されて細やかに識別されていることが明らかとなった。一方、聞き取り調査では、このように個別に識別された魚種を魚カードを用いて、「仲間」ごとに自由に分類してもらった。このように類別された集合を示す名称を包括名という。それでは、個別のものとして理解された魚が、ある基準から複数の種とともにまとめられて、一つの集合として理解される際の論理について探っていきたい。

魚カードを用いた調査によって収集できた包括名は、二六あった。その類別の基準として、ヒゲがあること、胴体の形態、体色や模様、皮を剥ぐことの可否、肉の臭気などが挙げられる。そして、このように類別された集合は、魚類分類学上の科と対応する場合と複数の異なる科からなる場合の二つに分けられる。

素潜り漁師の分類が、魚類分類学での科と対応した包括名は一二あった。そこには、一一九種類の魚類が含まれる。たとえば、沖縄県の県魚として有名なグルクンは、佐良浜ではクマザサハナムロ、タカサゴ、ハナタカサゴ、ウメイロモドキ、ユメウメイロ、ササムロといったタカサゴ科の六種の魚類からなる。ただし、タカサゴはその大きさによって、大きいものをフゥーイ・ゥズ(大きい・魚)、小さいものをアカ・ゥズ(赤い・魚)と呼び分けられる。つまり、グルクンという包括名には、七の個別名によって区別された魚類が含められる。

それぞれの魚類は生息場所や形態の類似から一つの集合として認識されているが、それとともに肉質や味、調理方法、性質の違いなどの特徴が細かく指摘された。グルクンのなかでも身の軟らかいクマザサハナムロは、塩漬けが好まれる。ササムロは、グルクンのなかでも尾が長く、泳ぐのが速いと言われる。このため、船のスクリューを意味するヘラーと呼ばれる。

その多くが体長一〇センチにも満たないスズメダイ科の魚類も、形態や味などの属性から細かく区別されて命名されている。本書では、スズメダイ科の魚類のうち、一二種類の個別名を収集でき、これらはヒツという名称で包括されることが明らかとなった。アマミスズメダイはスズメダイ科のなかでも肉厚で美味な魚として人気があり、サンゴ礁を利用する素潜り漁師が漁獲対象として注目する魚である。また、カツオ一本釣り漁師からは、最もカツオの食いつきのいい活餌となると評価されている。タナンラと呼ばれるロクセンスズメダイも、醤油で煮付けるのが好まれる商品価値の高い魚である。

一方で、分類学上では異なる科ではあるが、一つの集合として理解される場合もあった。たとえば、チョウチョウウオ科のシチセンチョウチョウウオやハグロチョウチョウウオなどが、キンチャクダイ科のサザナミヤッコやロクセンヤッコと、「カビッチャ」と呼ばれる一つの集合として類別されている。これらは、胴体の形状が類別の基準とされる。

形態の類似性からニバラという包括名でまとめられるハタ科とイシダイ科についても、みていきたい。ニバラの仲間として類別された魚として、二三種類の個別名を収集できた。その多くは、仲買いに一キロあたり一〇〇〇円以上で取引される高級魚である。たとえば、マダラハタは、産卵シーズンには夜中にサンゴ礁に近づくことから、ユズィ・ニバラ（夜中・ニバラ）と呼ばれる。カンモンハタは、岩礁に生息するため、スサ・グー・ニバラ（平たい・岩礁・ニバラ）と呼ばれる。また、ツチホゼリは、アウ・ニバラ（青い・ニバラ）と呼ばれて、体色の薄青が着目されている。これらの魚は、生態的な特徴や形態、体色の配置などの特性への着眼によって個別のものとして理解される一方で、類似性が見出されることで同じ仲間の魚として認識されている。

このように、魚の方名を詳しく調べることによって、素潜り漁師が、多くの魚をある指標から個別なものとして分けたり、一つの集合としてまとめて理解している姿がみえてきた。とくに、利用頻度の高い魚ほど関心が払われ、個別のものとして、その色彩や形態、生態的な特徴などから記述的に命名されている。

（4）言葉の多様さが映し出す自然との関わりの多様さ

魚名の命名法の分析により、サンゴ礁を生業の場とする素潜り漁師が、日常生活のなかで生息場所や形態、肉質や味、調理方法、性質の違いといった利用に関わる視点から細やかに漁獲対象である魚を観察している姿を明らかにしてきた。たとえば、高級魚として有名なハタ科などは「ニバラ」という名称で仲間分けされる。だが、佐良浜の素潜り漁師のまなざしを通すと、二三種類の個別の魚として識別され、命名され、さらに、それぞれがどのような特徴なのかが詳述できた。

素潜り漁師の魚をめぐる自然認識のあり方は、その形態や色彩などの特徴から一つの集合として包括しながらも、一方で、その魚の個別性に鋭く着眼している。そこから、人間の魚に対する親密さやまなざしの深さが反映されていると捉えられるのではないだろうか。つまり、サンゴ礁が育む生物多様性に対する人びとの生業の多様性が、自然認識の多様さを育んできたといえる。

しかし、サンゴ礁を利用する素潜り漁も魚価の下落や後継者不足という社会経済的な変化のなかで、様相が変わろうとしている。そこで失われるのは、素潜り漁という技法だけではない。漁撈という身体的経験をとおした魚とサンゴ礁をめぐる人びとの関わり方や心象風景そのものであり、そして、その風景を描写する言葉という文化が失われるといえるだろう。私たちは、この文化的危機に対して、自然との関わりから生活世界を総体的に問い直す必要があるのではないだろうか。

4　漁場空間の認識——漁場をめぐる「地図」に何が描かれるのか？

(1) ある素潜り漁師の「地図」

これまで、自然条件や魚に関するさまざまな民俗知識について個別にみてきた。それでは、サンゴ礁という自然環境の全体像は、どのように理解されているのだろうか。この節では、スケッチマップの手法を用いて、素潜り漁師が活動空間であるサンゴ礁の何に注目し、どのように理解しているのかについて分析したい。

ここでは、ツナカキヤーやトビウオ漁などの追い込み漁を行ってきた素潜り漁師の前里清隆さん(一九二〇(大正九)年生まれ、仮名、故人)に描いてもらったスケッチマップを事例として取り上げる。二〇〇〇年の調査当時、前里さんは八〇歳を超えていたが、毎日、夕暮れ時の港でツナカキヤーや活餌漁に使う漁網の製作や修繕を行っていた。漁網は漁法や対象魚の習性に応じて設計し、魚が恐れない色を考案して豚の血で糸を染めるなどの工夫もしていた。

調査は、七八センチ×一〇八センチの白い模造紙に、前里さんが漁をしたことがある漁場の形やそれらの位置関係を鉛筆で描いてもらうという方法である。前里さんと筆者は、座卓を囲んで対面する形で座り、書き始める地点や個々の場所の大きさは前里さんにお任せした。当初は、前里さんが一つの漁場を描き終えるたびに、筆者がその地名を尋ねて図に書き込んだ。そのうち、前里さんが漁場の地名や地形の特徴、そこでの漁の経験などを自ら語るようになった（図に書き込んだサンゴ礁には、地名がない場合もある）。図作成の時間は、午後三時から六時の間の一日平均二時間半、合計九日間である。

調査日程の制約のため、図にできたのは、前里さんのかつての活動域である宮古諸島周辺の三分の一程度にすぎない。それでも、模造紙を一六枚つなぎあわせた巨大な図ができあがったのである。漁業協同組合事務所の大広間を借りて、ようやくすべてをつなぎあわせることができた。図に描かれている範囲は、南北約三〇キロ、東西約二三キロにも及ぶ。作業中に前里さんが言及した漁場の地名は一三三カ所であった（口絵６ｃ）。

（２）「地図」の描き方とその特徴

前里さんが描いた「地図」には、シと呼ばれる礁原や、島から離れて発達したパッチ礁の輪郭、干出している岩などの地形的な特徴、灯台やブイ、防波堤、水路などの人工建造物などが記されている。パッチ礁や沖側へせり出た礁原は、漁場として地名が記入された。

また、大漁場のなかでも湾や縁溝などが入り組んだ場所には、小地名が書き込まれた。たとえば、八重干瀬のなかでも規模の大きいガウサと呼ばれる南北に長い漁場の西側には、緩やかな曲線によって湾が二つ連なるように描かれている。この場所の地名について、前里さんはイナウ・ヌ・バタマガイと説明した。また、ガウサの中で独立した瀬のように東側に突き出た場所は、アガリ・ガウサ（東・ガウサ）と記された。このように、サンゴ礁内の微地形が地名をつけるための指標として着

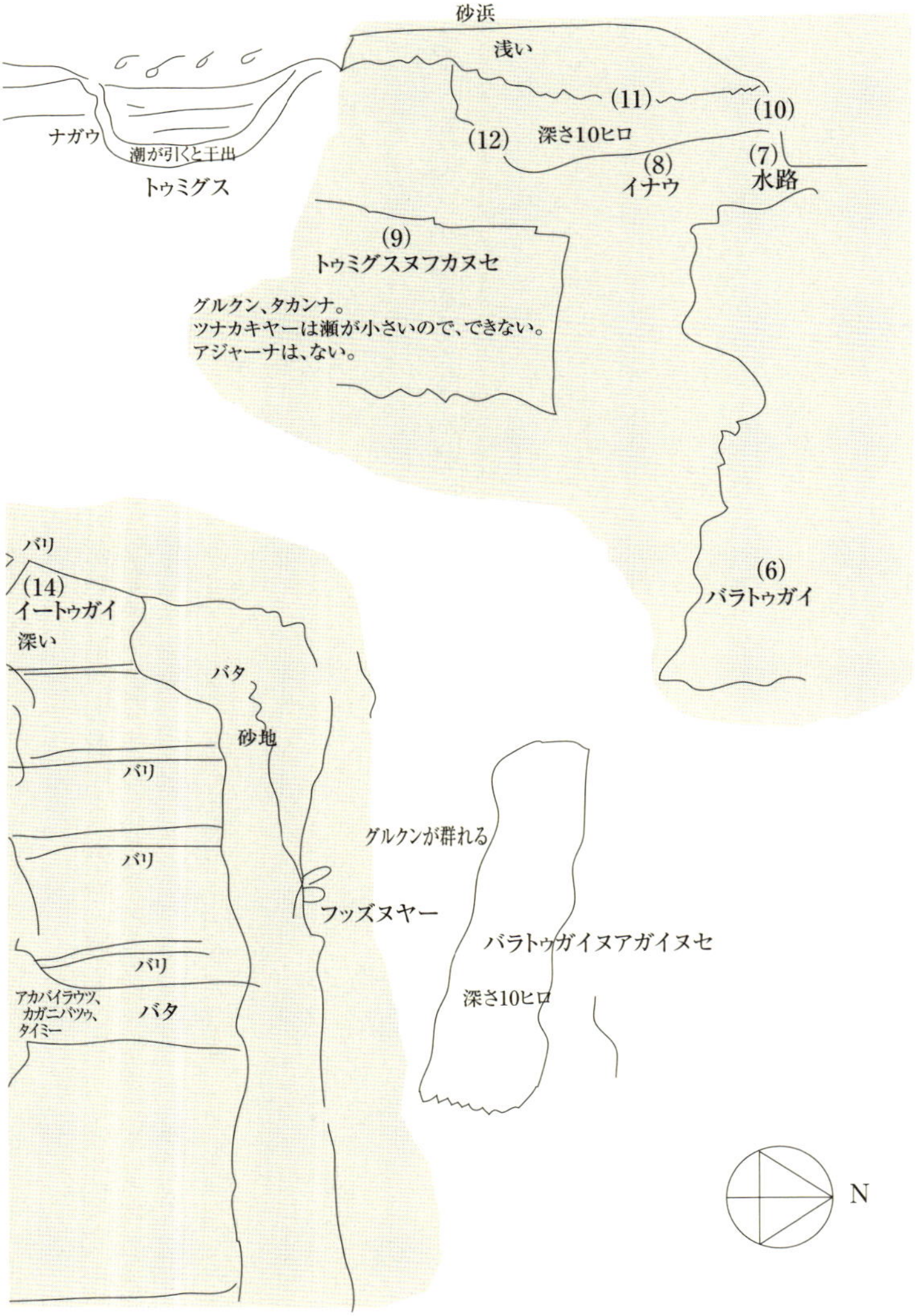

さんが描いたクープ周辺の図

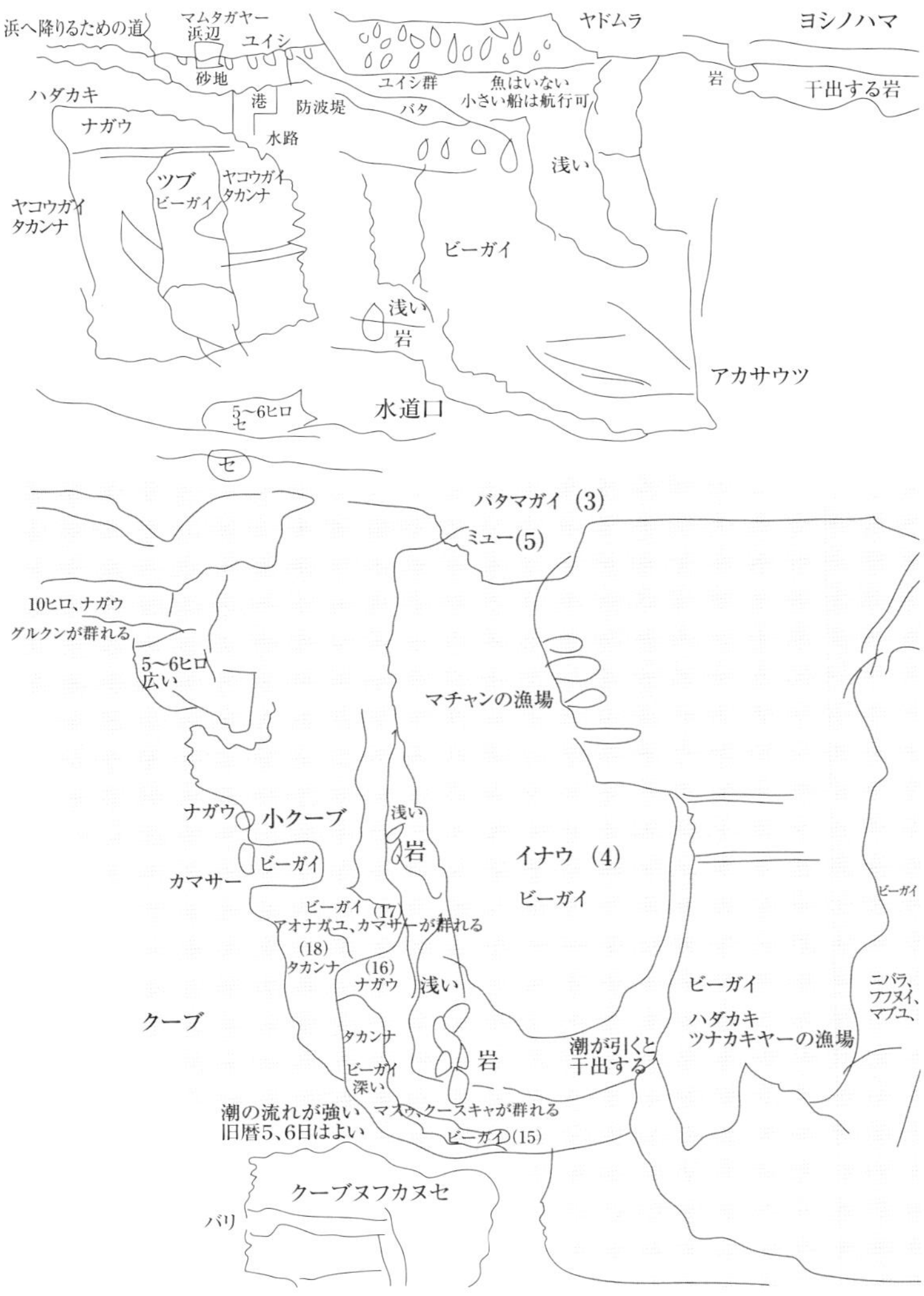

図２−５　筆者が書き写した、前里清隆

目されている。

宮古島南東部と北東部の比較

では、具体的に前里さんに描いてもらった「地図」の中からクーブと呼ばれる宮古島南東の漁場周辺を事例に取り上げて、この巨大地図の描き方の特徴について検討していきたい。図2―5は、前里さんが描いた「地図」を筆者がなぞったものである。前里さんの「地図」から抜粋した部分は縦一〇七センチ、横一四〇センチである。

ところで、クーブとはどのような漁場として理解されているのだろうか。前里さんによると、クーブは宮古島周辺のサンゴ礁の中で最もシの規模が大きく、緩やかに沖側へ傾斜している。クーブの中央には、深い溝となったバタマガイ(3)がある。そのさらに内側は、広いイナウ(4)となっている。この溝は潮の変化によっては魚道となるため、定置網を張る場所として漁師に知られている。前里さんも、かつて、このバタマガイで定置網漁を行ったときに、「舟に積むことができないほど」のイワシの大漁に恵まれた経験があるという。

クーブの南側にはミュー(5)と呼ばれる深い溝がいくつもあり、イロブダイやヒブダイなどブダイ科のなかでも大型で高値で取引される魚種が生息するという。しかし、この場所はふだんは潮の流れが速いため、漁には旧暦八日ごろのバカスウの潮が適しているとも語った。現役の漁師にとっても、クーブはサラサバテイやシャコガイの採集場所として重要視され、調査期間中にも頻繁に利用された漁場であることが確認できた。

前里さんは、この領域を描き始める際、前日の最後に描いたバラトゥガイ（6）に注目した。まず、バラトゥガイの陸側につくられた水路の位置を確認し、水路（7）に鉛筆をあてるとその周辺を指して「ここは、イナウ（8）」と説明。その後、沖側に礁原がせり出ているトゥミグスヌフカヌセ（9）の位置を確認しながら、水路の入り口から礁湖を囲む浜辺の線（10）を描いた。次に、その沖側に一本の線（11）を描き込み、その沖側にトゥミグスヌフカヌセに向かって湾曲した線（12）を描いた。その後、浜辺の線と次に描いた線で囲んだ領域について、「ここは浅い」と説明した。ところが、その沖側の線（12）で囲まれた領域については言及しない。そこで、筆者が「ここはどのような場所ですか」と尋ねると、「ここは深い。一〇ピロ（約一八メートル）ある」と答えた。

このように、新しく漁場を描き込むには、まず、その前に描いた漁場の水路やサンゴ礁地形の岬や湾といった特徴的な地形構造とそれらとの位置関係を確認した。そして、底質や水深の情報ごとに区別をして線を引く。こうして、複数の区分線を組み合わせることで漁場の全体像が最後に浮かび上がっていく。

前里さんに描いてもらった「地図」全体を見渡してみると、単に一重の線で描かれただけのサンゴ礁もある。このような場所による描き方の違いは、何を意味しているのだろうか。

宮古島北東部に位置する大神島周辺の図を事例として、比較検討したい。図2―6は筆者が書き写した前里さんの「地図」に描かれた大神島周辺で、抜粋した大きさは図2―5同様に縦一〇七センチ、横一四〇センチである。図2―6には図2―5と比べて、独立したサンゴ礁（台礁やパッチ礁）が数多く描かれていることに気がつくだろう。これらのサンゴ礁は一重の線で縁取られただけで、

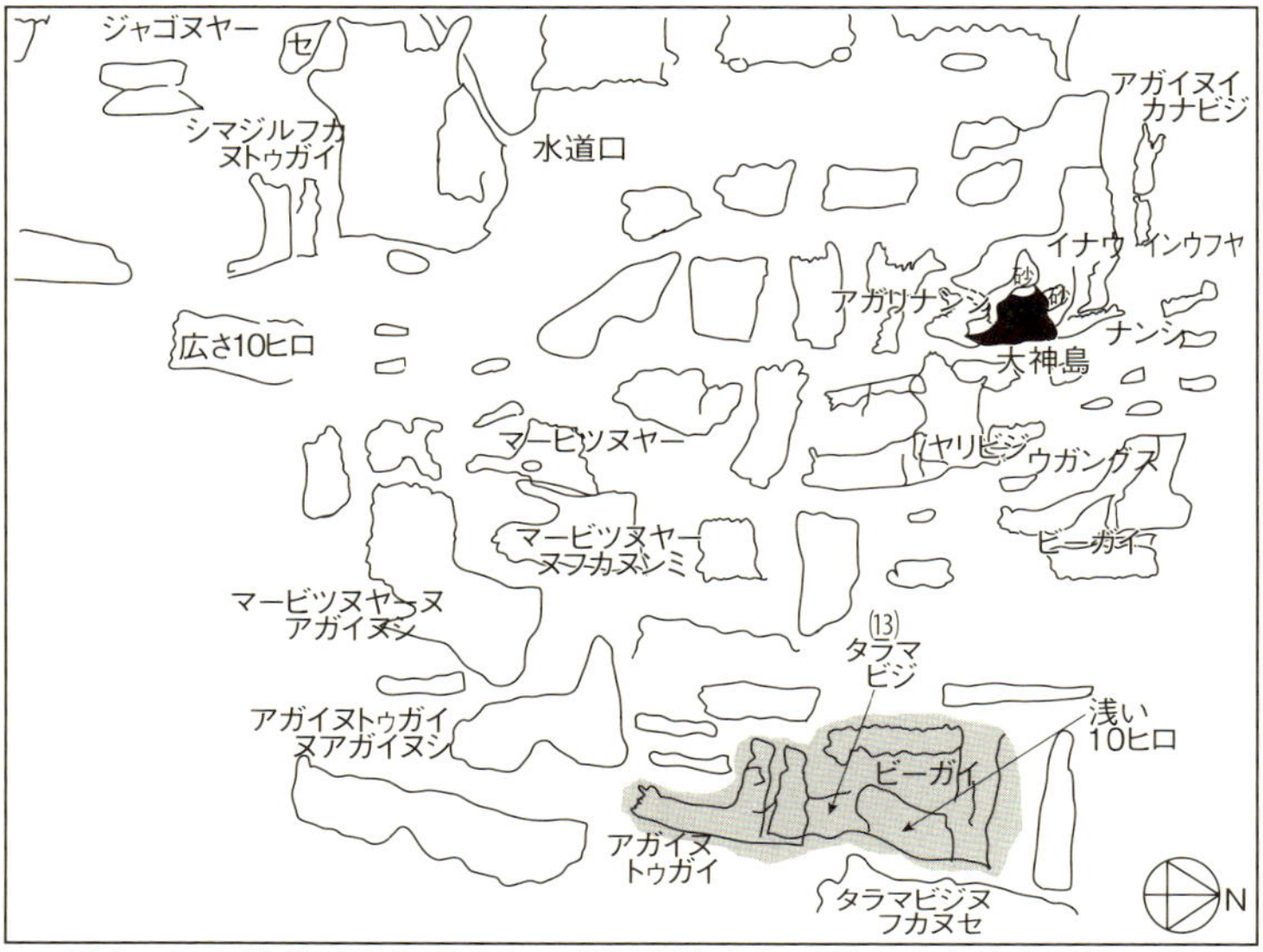

図2－6　筆者が書き写した、前里清隆さんが描いた大神島周辺の図

ほとんどが地名をもっていない。

このあたりの地形は、地形図によると、宮古島北部に位置する狩俣の周囲に裾礁が広く発達し、大神島までの約四キロの間に小さいパッチ礁がぎっしりと点在している。低潮位時には干出するほど頂部水深が浅く、舟の航行には注意しなければならない海域である。大神島の東側の沖には、タラマビジ(13)と呼ばれる活餌漁やウーギャンが行われる漁場がある。大神島の南側は島によって北風がさえぎられるので波の影響を受けにくく、海は穏やかだ。このため、タラマビジから伊良部島に戻るときには、大神島の南側を航行することが多い。さらに、大神島周辺のサンゴ礁は規模が小さいので、ツナカキヤーの漁場としては適していないという。

序章で指摘したように、ウーギャンやツナカキヤーは礁縁や縁溝を利用して張った袖網と袋網に向かって、礁原にいる魚を追い込む漁法である。大神島周辺のパッチ礁は規模が小さいため、一度にたくさんの魚類を漁獲できず、追い込み漁の漁場としては効率が悪い。つまり、この図2―6に描かれた領域には、漁場利用という観点よりも、座礁を避けるための航路上の危険指標として小規模なパッチ礁の位置関係が示されていると考えられる。

魚が群れる礫地「ビーガイ」への着目

以上のことから、漁場をめぐる「地図」の描き方の特徴について次の三点が挙げられる。

第一に、湾や縁脚、縁溝、割れ目などの地形構造が注目されている点である。湾には、流れ着いた流木に付着している浮遊生物や甲殻類の幼生を捕食するために、サワラやツムブリなどが群れるという。また、潮先となる縁脚にはイングリと呼ばれる「エサ」がいるので、タカサゴなどが群れるといわれている。前里さんのこれらの地形構造へのこだわりの背景には、漁獲対象魚の生態と習性に関する民俗知識に基づいた環境イメージがあることが指摘できる。

第二に、漁場として示されるシは、複数の区分線の重なりによって全体像が描かれていく点である。この線の重なりによって囲まれた各領域は、海底に堆積する底質の広がりや深度を表している。たとえば、前里さんは「地図」作成時に、ビーガイと呼ばれる手のひらサイズの石が敷き詰められた海底にしばしば言及した。前里さんによると、ビーガイは、礁原の割れ目や窪み、礁原から緩やかに傾斜したアラハと斜度が変わるナガウとの接点付近に、波浪によって堆積される。ビーガイ・ナカを囲む礁斜面や礁縁には、商品価値の高いスジアラやイシガキダイ、イロブダイが生息するという。

そして、舟の上から見下ろしたビーガイ・ナカには、白と黒の二色があるといわれている。黒く見えるビーガイ・ナカには、リュウキュウスガモなどの海藻が生えており、それを食べるためにアイゴなどの藻食性魚類が群れる。一方、白いビーガイ・ナカは礁湖の砂地にある。平らな海底のため、地形を利用して袖網や袋網を設置することは難しい。また、隠れ場所となるサンゴがないため、危険を察知した魚は周囲に逃げてしまう。このため、白いビーガイ・ナカは、追い込み漁の漁場には適していない。

つまり、黒いビーガイ・ナカを漁獲対象魚の棲み処として重要視し、さらに色彩によって底質を識別してその広がりや網を設置するための地形構造に注目しているのである。初めにサンゴ礁全体の輪郭が縁取られるのではなく、漁場に関する情報ごとに区分線を描き、その部分的な領域が集合した最後に、地名のつけられた漁場の全体像が浮かび上がった。

第三に、描き方の特徴として、紙を継ぎ足していく点に注目したい。筆者は初め、一枚の模造紙に活動域の全体像を描いてもらうつもりであった。しかし、前里さんは「このシの次は、このシ」というように、連鎖的に描いていく。結局、一枚の用紙では余白がなくなり、紙を継ぎ足すことが繰り返された。つまり、用紙を活動域全体に見立てて、それぞれの漁場の位置を定めるのではない。特定の漁場と漁場との相対的な位置関係に着目し、それらをつなぎあわせていくことによって、活動域の全体を描いていくのだ。しかも、一つの漁場自体がいくつもの細かい領域の区分線の集合によって描かれる。したがって、それらの線の位置関係を示すためにも、各領域を大きく描く必要があった。こうして、模造紙一六枚分にも及ぶ巨大な図ができあがったのである。

(3) 描き方からみる地形認識のあり方

漁場をめぐる「地図」の描き方とその内容から、素潜り漁師がサンゴ礁地形の縁溝や割れ目、潮流の上手となる縁脚などの地形構造や底質の広がりに注目していることがわかった。また、スケッチマップの手法を用いることで、漁獲対象となる生物の生態や習性に関する民俗知識や漁法に利用される地形認識が浮き彫りになった。

では、素潜り漁師は、実際の漁場環境のどのような特徴に着目して、図を描いているのだろうか。漁場をめぐる「地図」を実測図と比較してこの点について検討したい。

ここでは、図2―5(一一二・一一三ページ)に描かれた、東平安名崎の東側に位置するクーブと呼ばれる漁場を事例に取り上げる。クーブは北東に礁斜面が広がり、礁原には複数の割れ目が発達している。さらに、礁原の中央と東側には複数の岩が点在している特徴的な地形である。ここで、海上保安庁発行の「海底地形図」と「底質分布図」をもとに作成した図2―7を見てみたい。図2―7によると、クーブのサンゴ礁は北側へ水深三〇メートル以浅の海底が広がり、反対に南東側は急崖となっている。この急崖周辺は、サンゴ片あるいは礫状のサンゴにサンゴ砂が混入した粒子の粗い底質である。

実測図に照らすことで、前里さんの「地図」には、実際の海底の状態がよく反映されていることがわかる。たとえば、前里さんはクーブの北側に位置するイートゥガイと呼ばれる小漁場に、アラ

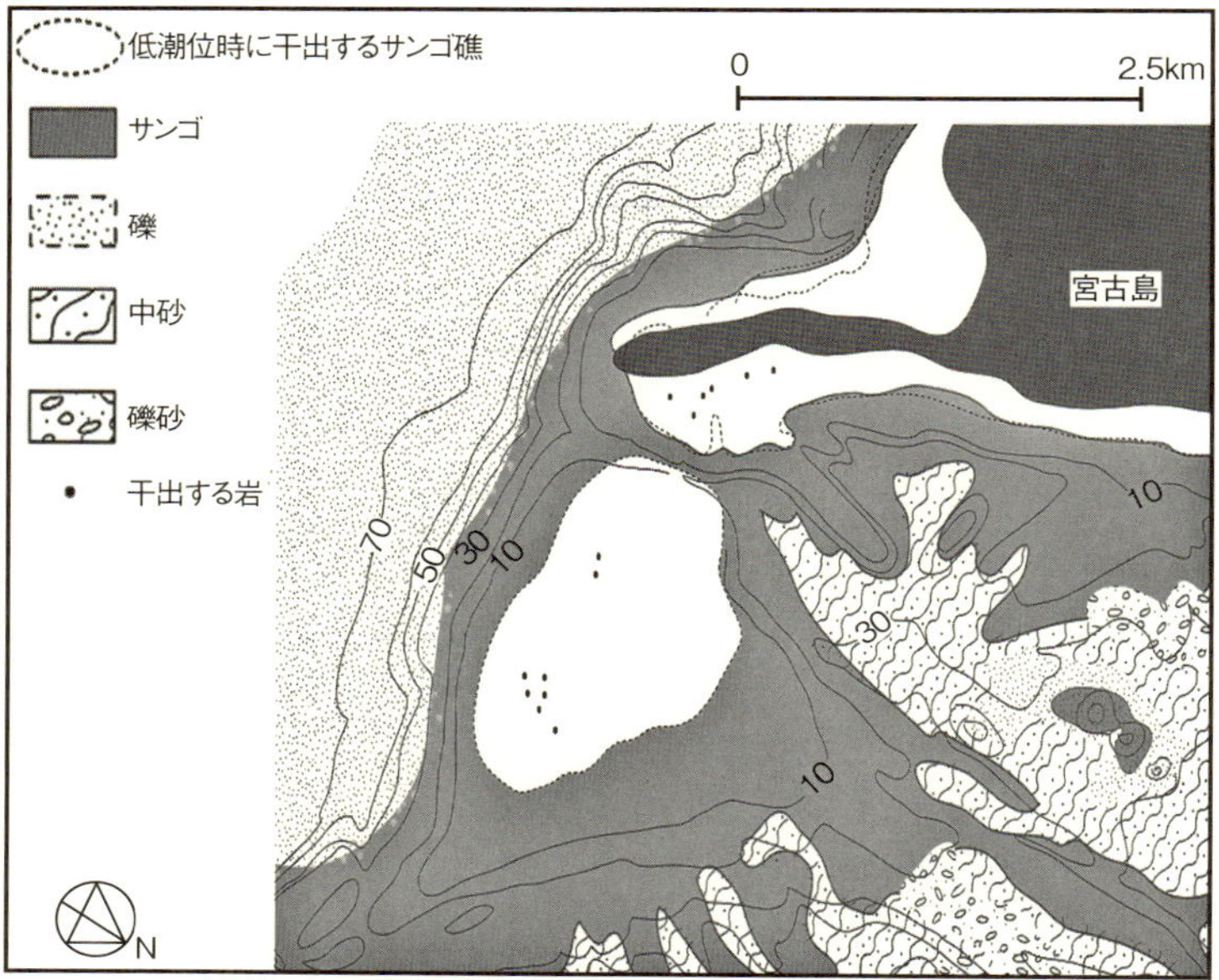

図2－7　東平安名崎周辺の海底地形と底質分布図

ハの割れ目としてバタをいくつも描いた。前里さんによると、このバタにはビーガイが堆積し、その周囲にはナンヨブダイやイロブダイが群れるという。ナンヨブダイは潮通しのよい場所を好み、サンゴを骨格ごとかじり取る。藻食性であることも知られている（佐野 一九九五）。つまり、ブダイ科の生態についての民俗知識をもとに、潮通しのよい礁斜面や割れ目などの地形構造やムー・ヌ・ナカ（海藻・の・海底）とも呼ばれる藻の繁茂する海底の広がりに着目して、イートゥガイを描いているのである。

さらに、前里さんが手のひらサイズの石が堆積したビーガイ・ナカとして指摘した割れ目は、図2－7との比較から、サンゴ片あるいは礫状のサンゴにサンゴ砂が混入した粒子の粗い底質が反映されていることがわかる。つまり、漁撈活動を成り立たせている実践的な民俗知識として、サンゴ礁の中でも割れ目や溝といった地形構造や海藻の繁茂する海底などが着目されている。

これに対し、やはり漁撈活動との関係から、ある特定の場所が強調されて描かれる場合がある。たとえば、前里さんは図2―5のクーブ南側に描いた岩の周辺について、クーブのなかで最も水深の浅いシであり、低潮位時には干出すると説明した。そして、その沖側は斜度が急なナガウ(16)になっているという。図2―7によると、クーブにあたる台礁の礁縁から素潜り漁師の活動域である礁斜面の水深五メートルの地点まで、約〇・二キロの距離である。一方、干出する礁原の幅は南北一・七キロあり、礁斜面よりも表面積が広い。実際には礁斜面よりも干出する礁原のほうが表面積は大きいにもかかわらず、前里さんの「地図」では、礁斜面が礁原よりも広く描かれている。

この「歪み」は何を意味しているのだろうか。前里さんの「地図」によると、二つの岩周辺のシから沖側は、ビーガイ・ナカの広がり(15)、急斜面となったナガウ(16)、カマスが群れるバタマガイ(17)、サラサバテイ(方名タカンナ)が獲れるナガウ(18)といった情報ごとに細かく区分されている。図2―7によると、この岩周辺の水深は低潮位時には〇・二〜〇・四メートルである。水深の浅いクーブの礁原は座礁の恐れがあるので、上陸することも近づくこともほとんどない。つまり、素潜り漁師の活動域として、礁原にアクセスする機会は少ない。一方、礁斜面は礁原よりも表面積が小さいが、漁場として利用される。

このため、前里さんは、魚の生息場所となるビーガイ・ナカと呼ばれる底質の広がりや地形構造など、漁撈活動に関わる多彩な民俗知識を重ね合わせて、礁斜面を描いている。前里さんの「地図」

には、このようなサンゴ礁を利用する際の、その場所に関する実践的な価値が示されているのである。

以上みてきたように、前里さんが描いた漁場は、漁撈という実践をとおした多彩な情報がパッチワークのように張り合わさって、その全体像が浮かび上がっている。前里さんの漁場をめぐる「地図」には、空間配置のみならず、漁撈活動を支える民俗知識が一体となって組み込まれていた。

5 自然と共に生きる知識

本章では、サンゴ礁を生業の舞台とする漁師が、その微地形や底質、潮汐現象、季節を告げる風などをどのように理解しているのか、具体的に漁撈活動を支える民俗知識について詳述してきた。そして、彼らが漁獲対象とする魚の命名法について詳しく調べることで、利用頻度の高い魚ほどその特徴が注目されて個別の名称が与えられていることを明らかにしてきた。

潜水による漁法を営む漁師は、多様な生物が生息するサンゴ礁に潜り、さまざまな獲物と直接対峙する。魚の名称の語彙素分析からは、このような直接的な経験をとおして、魚の生態的な特徴や体色、形態の特徴をよく観察している姿が浮かびあがった。このように、実践をとおして蓄積された民俗知識がパッチワークのように張り合わされることで、サンゴ礁の環境イメージがつくられていく。そのことを、ある漁師が描いた漁場をめぐる「地図」の分析から指摘した。

では、どのように漁師が活動空間であるサンゴ礁を理解しているのか、改めてまとめてみたい。その特徴について、次の二点を指摘できる。

第一の特徴は、漁場となるサンゴ礁が、隣接する漁場との相対的な位置関係によって認識されている点である。前里さんは、描き始める際に必ず、前回に描いた漁場の位置を確認した。Ｂ・ロナルドは、Ｋ・リンチらが都市空間の認知地図形成のエレメントの一つとして指摘した「結節点」(node)を、「終端結節点」「結合結節点」「潜在結節点」に分類している(Ronald 1976)。前里さんの紙をつなぎ足していく描き方は、ロナルドが指摘する結合結節点、すなわち、一つの漁場は次の漁場へとつなぐ手がかりのような結節点として認識されていることを示している。しかも、それらの位置は二点間の相対的な関係で決められ、座標軸上の絶対的な関係にはない。

こうした空間認識は、漁師の漁場移動のあり方に関わっているといえるだろう。潜水による漁法を営む漁師は、いくつものサンゴ礁を点と点を結ぶように移動しながら、その日の獲物を探す。河合香吏は、ドドスの牧夫が巡回的に生活空間を把握していることについて、「身体を移動させる」といった身体性の問題を指摘している(河合 二〇〇二)。素潜り漁師の場合も、特定の漁場から漁場へ連鎖的に移動する過程が、この「地図」の描き方に反映されているといえるだろう。

第二の特徴は、サンゴ礁の微地形や海底の底質の変化が、このような移動の目印になる点である。また、溝や礁縁などの微地形は、移動の目印としてだけではなく、漁撈活動を行う際にも、網を張る場所として重要な価値をもつ。このように、素潜り漁師は、サンゴ礁の礁縁や深さ、底質の変化などに着目していることが指摘できるだろう。

たとえば、素潜り漁師は漁獲対象とする生物の生態や習性に関する知識や漁法に関する知識をもとにして、サンゴ礁の海底を堆積している底質の状態から八つの名称で呼び分けていた（七八ページ表2―1）。このような地形をめぐる詳細な知識によって漁場空間が構造化されていることは、前里さんの「地図」に表現された漁場の全体像が、バタと呼ばれる礁縁の輪郭や藻食性魚類の棲み処である藻場の広がり、水深などの情報ごとに縁取られていることからも指摘できる。

とくに、網漁を行う漁師は、袖網を設置する礁縁や袋網を設置する縁溝と外洋の接点、外洋と礁湖内を行き来する魚の通り道となる礁原の割れ目、アオリイカなどが群れる潮流の弱い湾などの地形構造を利用する。スケッチマップの分析によって明らかとなった縁へのこだわりには、実際の漁撈活動のなかで利用される地形に関する実践的な知識が表象されているといえるだろう。

つまり、漁場と漁場との位置関係は、点と点を結ぶように連鎖的なものとして捉えられているが、ある一つの漁場の全体像は、漁撈に関わる利用価値の重なりによって初めて浮かび上がる。地形認識のあり方にみられるこの二つの特徴が相互に補完し合うことで、いくつものサンゴ礁が点在する、素潜り漁師の漁場空間を平面に描きだすことができた。

佐良浜の素潜り漁師にとって、漁場とは、地形に関する民俗知識をもとにした部分的な領域の集合体としてイメージされていた。その全体像を他の場所と区別するために、地名が与えられるのである。地名は「広い礁原にいくつものバリがある」サンゴ礁、あるいは、「マブユ・ヌ・ヤーが礁湖に点在する」サンゴ礁といった、特定された地点の環境イメージを呼び起こす。素潜り漁師の活動域に膨大な数の地名がつけられていることは、彼らが漁撈をめぐる民俗知識をもとに、自然環境を詳細で多彩な意味の付与によって分節していることを物語っている。

これまで述べてきたように、漁場はターゲットとなる魚の生態や習性に関する多彩な民俗知識の重なりによって、その全体がイメージされる。だが、浅瀬のサンゴ群集であるアジャーナに関して、前里さんはとくに言及しなかった。

サンゴ骨格によって形成された立体的な構造は、魚の生息場所として重要な役割を果たす（佐野一九九五）。魚類は、危険が迫るとサンゴ枝や基部に逃げ込んだり、あるいはねぐらとして利用している。さらに、ブダイ科のようにサンゴの粘液を食べる魚や、サンゴ群集域に生息する小動物を食べるベラ科の魚などは、サンゴ群集を採食場として利用している。このように、生態学的にも多様な生物の棲み処として注目されるサンゴ群集は、リーフフィッシュをターゲットとする漁師にとっても格好の漁場となるはずである。

しかし、前里さんは、魚類の生息場所としてのサンゴ群集よりも、むしろビーガイ・ナカの広がりに着目した。これは、枝サンゴが発達した地点では網が引っ掛かってしまい、追い込み漁の漁場には適していないからである。ツナカキヤーという追い込み漁を経験してきた前里さんにとって、枝サンゴの少ない藻場こそが重要な漁場だったのである（渡久地ほか二〇一六）。そして、漁師が最も効果的に行動するためにも、対象魚の好む底質や地形構造がどこにあるのかといった海底の熟知こそが一日の活動を組み立てる際の切り札となることは、いうまでもない。

最後に、地形に関する知識や認識のあり方は、このような漁撈活動における実践的な意味をもつと同時に、漁師間のコミュニケーションの手段ともなることを指摘しておきたい。漁撈集団ごとに漁法と対象魚が異なる素潜り漁師において、互いの対象魚の情報交換は珍しくない。出漁前の港に集まった漁師たちが前日の成果をにぎやかに述べ合っているなかで、いくつもの漁場の地名が言及された。そのなかには、地名の分析により、その位置や状態を喚起させる民俗語彙から命名されたものもあるが、大多数にはそうした情報は付加されていない。つまり、地名を聞いただけではそれがどこで、どのような場所なのか、まったくわからない。地名が示す情報はその場所における経験が共有されてこそ、コミュニケーションの機能を果たすことができるのである。

スケッチマップの分析により、命名法や分類といった「ことば」の分析からだけではみえてこない、実践的な知識のあり方を浮き彫りにできたであろう。ただし、浜辺、あるいは快適な居間での聞き取り調査で語られるとき、それらは知識の形式的な側面にとどまる。そして、これらの知識は、決して体系だって認識されてはいない。いわば、パッチワークのひとかけらのように、必要となる状況や現場で組み合わせられて、実践の礎となる。

たとえば、海という一瞬たりとも同じ姿をすることのない自然と対峙するとき、漁師はその直接的な経験をとおして、詳細で広範囲な知識を学習し続ける。さらに、それらを生きた実践的な知識として駆使しながら、今日の獲物を狙う。次章では、漁撈活動の実践の場において、どのように民俗知識が用いられているのかを検討していきたい。

第３章

素潜り漁師の漁撈活動

――民俗知識とその運用

筆者が弟子入りをした喜久川組（2002年10月）

これまでみてきたように、素潜り漁師にとって、サンゴ礁は重要な活動空間である。前章では、サンゴ礁の変化に富んだ地形構造や多様な生きものに対する素潜り漁師の民俗知識について具体的に述べた。本章では、これらの知識をもとに、彼らはどのように漁撈活動を展開するのか、サンゴ礁をめぐる民俗知識の運用についてみていく。初めに、各漁撈集団の漁法の組み合わせと漁獲対象、季節変化から、素潜りとスキューバダイビングを利用する漁撈形態の違いを明らかにする。そして、参与観察によって得られた資料から、ある素潜り漁撈集団の活動を事例に、前章で詳述してきた民俗知識が実践の場でどのように運用されるのか、サンゴ礁資源利用の実態について検討していきたい。

1　潜水による漁法の特徴

（1）漁法の組み合わせと漁獲対象

六種類の漁法

佐良浜では、潜水による漁法のことをマドマーイと呼ぶ。これは、スキューバダイビング（以下、スキューバ）の技術が導入される以前、船上から底がガラスになった箱で水面下の様子をのぞきこみ、漁を行っていたことに由来する。この箱は、マドと呼ばれていた。潜水による漁法を営む漁師は、マドをのぞきながら魚のいるサンゴ礁をまわっていたことから、マドマーイと呼ばれる。現在

表3－1　漁撈集団別の漁法の組み合わせ（2002年10月27日～11月28日）

漁法の種類		網漁（追い込み漁）				モリツキ漁	採　貝	合　計
		ツナカキヤー	ウーギャン	活餌漁	アオリイカ漁			
素潜りの漁撈集団	A（5人）		○		○	○		3
	B（1人）						○	1
	C（1人）					○	○	2
スキューバを利用する漁撈集団	A（4人）		○			○	○	3
	B（5人）			○		○	○	3
	C（6人）			○		○	○	3
	D（2人）					○		1
	E（1人）					○		1
	F（8人）	○				○		2

（注1）（　）内の数字は協働する漁師数。
（注2）素潜りとは、スキューバダイビングの技術を利用しない形態を指す。
（注3）スキューバE組は、モズク養殖にも従事している。
（注4）スキューバF組は、サトウキビ栽培を主生業とする8人の漁師から構成される。

では、スーニガマ（一二三ページ参照）に船主と船主に雇用された複数の漁師が乗り込み、漁をともに行っている。

表3－1に、調査当時に佐良浜で行われていた潜水による漁法の種類と、参与観察できた漁撈集団が行っている漁法の組み合わせを示した。潜水による漁法は、網漁（追い込み漁）、モリツキ漁、モグリ採集（採貝）の合計6種類からなる。

表3－1が示すとおり、潜水による漁法を営む漁撈集団は、素潜りとスキューバ利用の二通りに分けられる。参与観察できた潜水による漁法を営む漁撈集団は九集団で、このうち、素潜りが三集団、スキューバ利用が六集団であった。これらの漁撈集団は、漁師が単独で操業する素潜りB組とC組、スキューバE組以外は、二～八人の構成員からなる集団漁である。

素潜りA組は、ウーギャンと呼ばれる小規模な追い込み漁、アオリイカを対象とした追い込み漁、そしてモリツキ漁を組み合わせている。素潜りB組とC組は、高齢のため不定期に漁を行っていた。

一方、スキューバを利用するのは、スキューバA組からF組までの六集団である。これらの組は、おもにモリツキ漁と潜水による貝類などの採集を行う。そのうち、スキューバA組は、ふだんはモリツキ漁を主とし、魚群に遭遇したときなど臨機応変に対応できるように、ウーギャン用の袋網と袖網を常に舟に搭載している。実際、観察期間中、一キロあたり八〇〇円という比較的高値のアマミスズメダイを追い込み漁によって漁獲したことがあった。また、参与観察できた漁撈集団の中で、モズク養殖を兼業で行っていたのはスキューバE組のみだった。スキューバE組は、モズク網の手入れの合間に、島周囲の裾礁に潜って、ハタ科や大型のブダイ科などの高級魚をモリツキ漁で漁獲する。

このように、潜水による漁法を選択する漁師は、追い込み漁やモリツキ漁、潜水による採集などの複数の漁法を組み合わせて、活動することが多い。基本的に、この組み合わせは一年をとおして変動せず、その日の状況に応じて主となる漁法を選択する。また、表3−1で示したように、漁法の組み合わせは、モリツキ漁を軸にする点では共通するが、追い込み漁の選択の仕方で漁撈集団ごとにバリエーションが見られる。

漁撈集団ごとにバリエーションのある漁獲物

表3−2は、「伊良部漁業協同組合市場日報」をもとに作成した、二〇〇二年一〇月二七日〜一

表３－２　漁撈集団と漁獲した海洋生物（2002年10月27日～11月28日）

漁獲物	科　名	和　名	素潜りの漁撈集団		スキューバを利用する漁撈集団				
			A	B	A	B	C	D	F
魚　類	ウツボ科	ウツボ			○	○	○	○	○
	サヨリ科	サヨリ	○						
	ヒメジ科	コバンヒメジ	○						○
		アカヒメジ			○				
	スズメダイ科	ロクセンスズメダイ							○
		アマミスズメダイ	○		○				
		ナミスズメダイ	○		○				
	ベラ科	シロクラベラ							○
	フエフキダイ科	ホオアカクチビ							○
		ヨコシマクロダイ							○
		ノコギリダイ	○		○				
		ハマフエフキ						○	○
		イソフエフキ							○
	アジ科	ツムブリ							○
		ロウニンアジ	○		○			○	○
	サバ科	イソマグロ						○	
	ブダイ科	ハゲブダイ（オス）			○	○			
		ハゲブダイ（メス）	○						○
		イチモンジブダイ（オス）				○	○		
		イチモンジブダイ（メス）					○		
		ナンヨウブダイ			○	○		○	
		イロブダイ（メス）	○						
		シロオビブダイ	○						
		キツネブダイ（オス）							○
	ニザダイ科	テングハギ	○						○
		ゴマハギ	○						○
		ミヤコテングハギ	○		○	○	○		○
		サザナミハギ	○						○
		クロハギ						○	
		クログチニザ							○
	アイゴ科	ハナアイゴ	○				○		○
	ハリセンボン科	ヒトヅラハリセンボン	○		○	○	○		○
	ハタ科	アオノメハタ			○	○	○	○	
		スジアラ			○	○	○	○	
		コクハンアラ			○	○	○	○	
	イサキ科	ムスジコショウダイ						○	
貝　類	ニシキガイ科	サラサバティ		○		○	○		
	シャコガイ科	ヒメジャコ			○	○	○		
	サザエ科	ヤコウガイ		○			○		
甲殻類	（イセエビ科）	未同定						○	○
頭足類	マダコ科	ワモンダコ	○				○		○
	ヤリイカ科	アオリイカ（幼体）	○						○
	コウイカ科	コブシメ	○		○	○	○	○	
合　計　種　数			18	2	15	12	14	12	22

（注）漁撈集団を示すアルファベットは、表３−1の集団の識別記号と同じである。
（出典）「伊良部漁業協同組合市場日報」をもとに作成。

一月二八日の漁撈集団ごとの漁獲物の内容を示している。小規模な追い込み漁とアオリイカを対象とした網漁、モリツキ漁を組み合わせる素潜りA組は、一五種類の魚類と二種類のイカ、一種類のタコの合計一八種類を漁獲した。素潜りB組は、サラサバテイ（高瀬貝）とヤコウガイを対象とした採貝を専門としている。観察した漁撈集団の中で最も漁獲物の種類が多いのは、スキューバF組であった。合計二二種類の海洋生物を漁獲している。その内訳は、一九種類の魚類と一種類のイカ、一種類のエビ、一種類のタコであった。

表3－2によると、素潜りA組やスキューバF組の主軸となる漁法は追い込み漁で、対象によってはモリツキ漁で漁獲する場合もある。網漁では、アイゴ科やスズメダイ科などの群れを狙う場合と、小さなサンゴ礁を囲んで多種多様な魚類を追い込む場合がある。後者の場合、何が獲れるかは袋網を揚げるまで特定できず、さまざまな魚類を一度に獲ることができる。このため、素潜りA組とスキューバF組は、モリツキ漁によって特定の生物種をターゲットとしたスキューバを利用する漁撈集団に比べて種数が多くなる。

一方、スキューバを利用し、潜水深度の深い礁斜面などでモリツキ漁や採集を行うスキューバA組からD組は、漁獲対象となる種類は相対的に少ないものの、魚だけではなく、ヒメジャコやサラサバテイ、ヤコウガイなどの貝類も採集しているのが特徴である。サラサバテイは、肉は食用として島内市場に流通するほか、殻は島内の仲買人をとおして和歌山県のボタン会社に売られる。表3－2より、漁撈形態の違いが漁獲物に反映されていることを指摘できる。

それでは、このような漁撈形態の違いがどのように漁獲物に反映されているのか、さらに具体的にみていきたい。観察期間に記録された漁獲物は四三種類であった。ヒトヅラハリセンボンや取引価格が一キロあたり五〇〇円前後で安定しているミヤコテングハギなどは、スキューバ使用の有無にかかわらず、共通して漁獲されている。

活動域となるサンゴ礁微地形の違いから

ともに追い込み漁を行う素潜りA組とスキューバF組は、サンゴ礁の礁縁部に群れるテングハギやゴマハギなどのニザダイ科の魚類、礁湖などの藻場に生息するハナアイゴやコバンヒメジを漁獲していた。ただし、素潜りA組がサンゴ礁の岩縁部に群れるスズメダイ科のような小さい種もターゲットとするのに対して、スキューバF組は礁斜面や底層に群れるホオアカクチビやイソフエフキなどのフエフキダイ科の魚類をおもに漁獲する。このような漁獲物の違いは、同じように追い込み網漁を操業する漁撈集団であっても、スキューバ技術利用の有無による潜水深度の差を起因とする。

一方、スキューバA組とB組は、中層域に生息するナンヨウブダイなど大型のブダイ科やスジアラ、アオノメハタなどのハタ科をおもに漁獲している。これらの魚は単独で行動することが多いため、モリツキ漁によって漁獲される。とくに、ブダイ科のなかでもハゲブダイやイチモンジブダイは体長の大きいオスを選別して漁獲している。

また、調査期間中に、コウイカが産卵するため礁斜面の枝状サンゴに群れ始めていた。まだ最盛期でなかったので水揚げは少なかったが、どの漁撈集団も冬場の主要なターゲットとして関心をもっていた。テングハギは一年をとおしてサンゴ礁域に生息し、漁師によると、礁湖内に点在する塊状サンゴのすきまに生息する。このため、北寄りの風の強い冬季など、網漁を行うことが難しいときは、波浪の影響を受けにくい礁湖で漁を行い、テングハギを狙うという。

素潜りA組やスキューバF組に漁獲されるハナアイゴやゴマハギ、コバンヒメジ、ハゲブダイ（メス）、ロクセンスズメダイ、アマミスズメダイ、ノコギリダイなどは群集する習性があり、網漁によって漁獲される。ハナアイゴやゴマハギは一年中藻場に生息するが、夏期のほうが肉厚になり、脂がのって美味しいと好まれる。

これまでみてきたように、マドマーイと呼ばれる潜水による漁法には、素潜りとスキューバ利用の二つの形態があり、サンゴ礁に生息する多種多様な海洋生物を漁獲している。コウイカやミヤコテングハギなど、多くの集団が捕獲対象とする種類がある一方、漁撈集団ごとに捕獲するターゲットが異なるのが特徴である。実際、すべての集団によって捕獲された海洋生物はなく、全体の約七〇％を占める三〇種が一集団あるいは二集団のみに漁獲されていた。集団ごとに組み合わせる漁法が異なり、対象となる魚種に重なりが少ないことがわかる。

（2）素潜りとスキューバを利用する漁撈集団の季節変化

つぎに、素潜りとスキューバを利用した漁撈活動の季節変化についてみていきたい。図3―1は、素潜りA組とスキューバA組の月別出漁日数を表している。三〜五月にかけて、どちらも二〇日以上である。また、スキューバA組の六月は二三日間と、素潜りA組の八月と並んで、一年の中

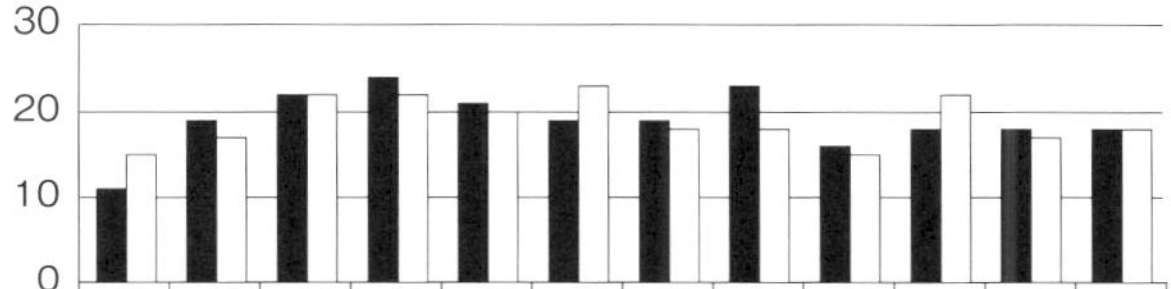

	1月	2月	3月	4月	5月	6月	7月	8月	9月	10月	11月	12月
■素潜りA組	11	19	22	24	21	19	19	23	16	18	18	18
□スキューバA組	15	17	22	22	20	23	18	18	15	22	17	18

図3−1　素潜り漁A組とスキューバA組の月別出漁日数（2002年１〜12月）

で最も多い。このころは、ビーズンと呼ばれる穏やかな晴天が続く季節で、一年の中で最も安定して漁を行うことができる。

ところが、九月になると台風シーズンに入り、出漁できる日が少なくなる。素潜りA組とスキューバA組が九月に出漁できたのは、それぞれ一六日間と一五日間であった。宮古諸島は、台風銀座と呼ばれるほど、大型台風がよく通過する。台風シーズンになると、台風が過ぎ去った後も、しばらく海のうねりが強く残っているため、漁を行うのは危険である。それでも、海や風の状態によっては島内を車で移動し、風下になる周囲のサンゴ礁や湾で漁を行う。

旧暦一〇月や一一月には、スサンツと呼ばれる穏やかな天候が続く。スキューバA組の一〇月の出漁日は、二二日間であった。一方、一年で最も出漁日数が少ないのは、素潜りA組は一月、スキューバA組は一月と九月であった。一月には強い北寄りの風が吹き、漁を行うのが難しい日が増えるためである。北風が強く吹く日には、八重干瀬ではなく、風下になる島影や湾内などで漁を行うこともある。

次に、素潜りとスキューバを利用する漁師の水揚高の季節変化について分析していきたい。図3−2は、漁師が商品として売った漁獲物の水揚高を示している。ただし、活餌となる魚は契約を結んでいるカツオ船

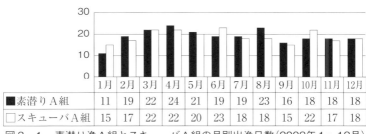

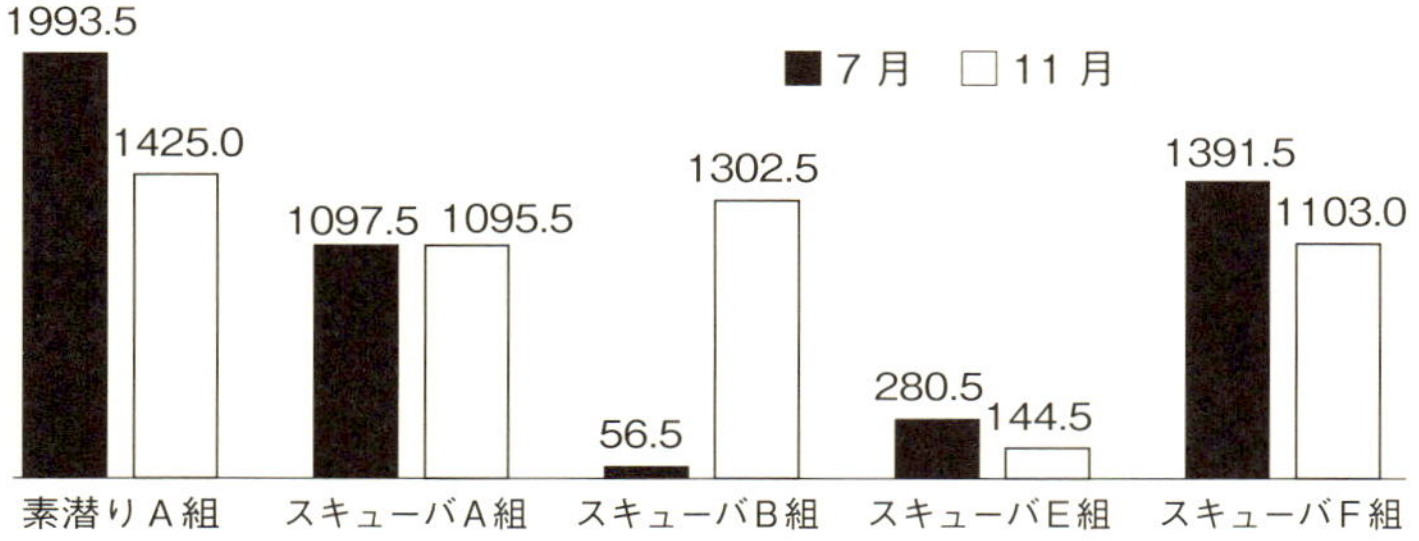

図3−2　漁撈集団別水揚高（単位：kg）

に買い取られるため、伊良部漁業協同組合の市場日報に記載されていない。したがって、活餌の水揚高は含まれていない。ここでは、漁撈活動を長期間参与観察できた五つの漁撈集団を事例として取り上げる。素潜りA組、スキューバA組・B組は三種類、スキューバF組は二種類の漁法を組み合わせている。スキューバE組はモリツキ漁のみを行う。

五集団の中で最も水揚げが多かったのは、素潜りA組であった。二〇〇四年七月には一九九三・五キロ、一一月には一四二五キロを漁獲している。ただし、一一月の水揚高は七月より約三〇％少ない。追い込み漁を営むスキューバF組の一一月の水揚高も、七月より約二〇％少なかった。

素潜りA組もスキューバF組も、表3−1（一二九ページ参照）によると、追い込み漁とモリツキ漁を組み合わせている。一年中、この組み合わせは変わらない。しかし、追い込み漁は北寄りの風の強くなる冬季には向いていない。とりわけ、小規模な追い込み漁であるウーギャンは、サンゴ礁の中でも水深の浅い礁縁や礁斜面を利用するため、波浪の影響を受けやすい。そこで、夏季には追い込み漁、冬季は波の静かな礁湖でのモリツキ漁が中心となる。文字どおり、一網打尽に魚の群れを狙う追い込み漁と、一匹ずつ狙いを定めるモリツキ漁とでは、その漁獲量に差が現れる。このため、素潜りＡ組とスキューバＦ組の一一月の水揚高は、七月に比べて少ない。

一方、スキューバを利用する漁撈集団は、集団ごとにその水揚高に違いがみられる。表３−１が示すように、スキューバＢ組は、モリツキ漁や貝類を中心とした採貝、そしてカツオ一本釣り漁の活餌漁を組み合わせている。彼らは、カツオ一本釣り漁の時期である六〜一〇月ごろは、活餌となるテンジクダイやタカサゴ科の稚魚などを狙った追い込み漁を行う。そして、活餌の需要がないときなどには、活餌漁を行わず、モリツキ漁や貝類などを潜水によって採集する。図３−２が示すように、スキューバＢ組は、七月には五六・五キロしか漁獲していない。ところが、一一月には一三〇二・五キロを漁獲している。この年は、カツオ一本釣り漁は七月から始まり、一〇月末にはカツオの群れが去ったため、操業が止められていた。このため、スキューバＢ組は一一月に入ると、活餌漁からモリツキ漁や採貝中心に変えた。

これに対してスキューバＡ組は、追い込み漁のウーギャンとモリツキ漁、採貝を年中行っている。したがって、水揚高の季節変化はそれほどみられない。スキューバＥ組は年中モリツキ漁を行っているが、一一〜三月ごろまではモズク養殖の準備やサトウキビの収穫が労働の中心となり、漁にはあまり出ない。このため、一一月の水揚高は七月の約五〇％に減っている。つまり、図３−２が示すような七月と一一月の水揚高の違いは、各漁撈集団の行動選択に応じた変動であることがわかる。

季節による漁獲物の違い

こうした漁獲高の季節変化の背景には、どのような魚種が対応しているのであろうか。漁獲物の季節変化を、その種類と種類数という点からみてみたい。表3―3に、二〇〇四年七月と一一月の漁獲物の種類を示した。

素潜り漁とスキューバ利用で、合計四二種類の海洋生物を漁獲している。どの組も、群集する習性のあるヒブダイやスジブダイなどのブダイ科を漁獲している。ハリセンボン、ミヤコテングハギ、タコ、ウツボなどは、素潜りでもスキューバ利用でも、漁獲されている。一方、オヤビッチャやキホシスズメダイなどのスズメダイ科、シロクラベラ、ハマフエフキなど一九種類の漁獲は、一組のみである。これは、全体の四五・二％を占めている。このうち、七月にのみ漁獲されたのが五種類、一一月にのみ漁獲されたのは九種類であった。

漁獲する水産物の種類が最も多いのは、スキューバF組の三三種類である。その半数にあたる一六種類は、スキューバF組のみが漁獲している。スキューバF組は、七月にも一一月にも二三種類を漁獲した。七月と一一月に共通しているのは、サンゴ礁の礁斜面などに生息するハゲブダイ（メス）やアイゴ、ヒメジ科などの一三種類である。七月にはオヤビッチャやキホシスズメダイなど、サンゴ礁の浅瀬に群れる小さいスズメダイ科のように、ほかの漁撈集団が捕獲しない魚を五種類獲っている。また、素潜りA組は、七月と一一月に合計二〇種類を漁獲した。ブダイ科やアイゴ、ミヤコテングハギ、ノコギリダイなどサンゴ礁の礁縁に群れる魚が多いのが特徴である。

一方、モリツキ漁を主軸とする漁撈集団は、追い込み漁を行う素潜りA組とスキューバF組に比

表３－３　漁獲物の季節変化(素潜りとスキューバ、2004年7月と11月)

漁獲物	素潜りA組		スキューバA組		スキューバB組		スキューバE組		スキューバF組	
	7月	11月	7月	11月	7月	11月	7月	11月	7月	11月
ブダイ科	○	○	○	○	○	○	○	○	○	○
ハリセンボン	○	○		○		○		○	○	○
ハタ科		○	○	○	○	○	○	○		
スジアラ		○	○	○	○	○	○	○		
ミヤコテングハギ	○	○	○	○		○			○	
タコ	○	○			○			○		○
ウツボ	○		○	○	○	○				
ハゲブダイ(メス)	○	○							○	○
アイゴ	○	○							○	○
ノコギリダイ	○	○							○	○
ヒメジ科	○		○						○	○
ナガメイチ		○					○		○	○
イセエビ	○			○		○	○			
ヨコシマクロダイ	○	○							○	
テングハギ	○								○	○
ミナミイスズミ							○		○	○
コショウダイ		○					○	○		
サラサバティ			○			○			○	
コウイカ				○		○				○
メガネモチノウオ							○		○	
アオリイカ(幼体)	○	○								
セダカハナアイゴ									○	○
ロウニンアジ									○	○
ハマフエフキ									○	○
クロハギ									○	○
ゴマニザ	○								○	
キツネブダイ	○									○
アマミスズメダイ	○		○							
オヤビッチャ									○	
キホシスズメダイ									○	
ハマダイ									○	
ササムロ									○	
アオチビキ										○
クロモンツキ										○
サザナミハギ										○
キツネフエフキ										○
シロクラベラ										○
テングハギモドキ										○
ツムブリ				○						
シャコガイ						○				
スイジガイ										○
シロイカ									○	
小　計	16	13	8	9	5	10	8	6	23	23
合計種類数	20		12		11		10		33	

(注１) 出現回数の多い漁獲物順に記載。

(注２) 集計した「伊良部漁業協同組合市場日報」では、「ブダイ科」「ヒメジ科」「ハタ科」は種類ではなく、大きさでまとめて計量するため、種の識別ができない。

(出典)「伊良部漁業協同組合市場日報」をもとに作成。

べて漁獲物の種類数が少ない。たとえば、スキューバA組は七月と一一月に合計一二種類を漁獲しているが、七月は八種類、一一月は九種類である。

スキューバA組・B組・E組は、七月も一一月も高値で取引されるスジアラや、カモンハタ、ヒトミハタなどのハタ科、単独で泳ぐ大型のブダイ科を漁獲する。だが、漁撈集団によっては、サラサバテイやシャコガイなどの貝類、コウイカやイセエビなど魚類以外のものを漁獲している。

また、スキューバA組は、群れで泳ぐアマミスズメダイやヒメジ科を漁獲している。表3—1によると、スキューバA組は、ウーギャンやモリツキ漁、採貝を組み合わせている。網を舟に搭載しているため、魚群に遭遇すると、ただちに追い込み漁(ウーギャン)に漁法を切り替えられる。ヒメジ科やアマミスズメダイは、追い込み漁によって漁獲されている。このように、各漁撈集団ごとの漁法の組み合わせの違いにより、彼らの漁獲物には、種類の面でもバリエーションが生み出される。

柔軟性のある複合的な漁撈活動

では、各漁撈集団の漁獲物の種類には、どのような季節変化がみられるのであろうか。図3—3に、七月と一一月の漁獲物の種類数の共通性をまとめてみた。

たとえば、素潜りA組の場合、七月のみ漁獲が七種類、一一月のみ漁獲が四種類であった。一方、七月にも一一月にも漁獲したのは九種類で、これらは七月と一一月の総種類数の約四五%を占めている。また、最も漁獲した種類数が多かったスキューバF組が七月と一一月に共通して漁獲したのは、全体の約三九%を占める一三種類であった。そして、スキューバを利用する漁撈集団が七月と

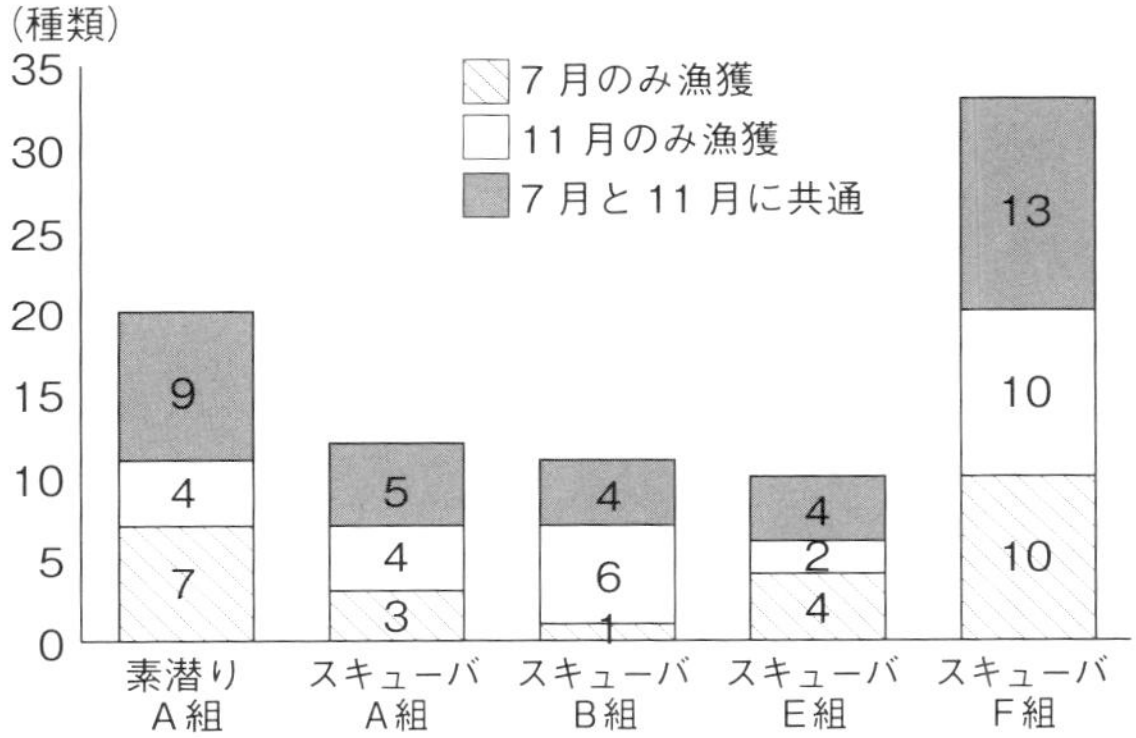

（出典）「伊良部漁業協同組合市場日報」。

図3－3　漁撈集団別漁獲物の種類数（2004年7月と11月）

一一月に共通して漁獲したのは、A組が五種類、B組とE組が四種類であった。つまり、素潜りかスキューバ利用かにかかわらず、七月にも一一月にも漁獲した水産物は、全体の約四〇%前後である。全体の約六〇%は、七月か一一月のどちらかだけに漁獲されている。

佐良浜のサンゴ礁を利用した漁撈活動を具体的にみていくと、このように、夏の七月と冬の一一月では漁獲物に季節変化がみられることがわかった。これは、サンゴ礁を利用する漁師は、潜水による漁法のなかからいくつかの漁法を組み合わせたり、モズク養殖を兼業するなど複数の漁法を組み合わせているためだと考えられる。

マドマーイと呼ばれる潜水による漁法を営む漁師は、島周囲の裾礁ではなく、島から離れたサンゴ礁や外洋側の礁斜面を漁場として利用している。風や波の影響を受けやすいため、常に漁師はその変化をにらみ、活動の組み立てを熟考しなくてはならない。操業可能な漁法が複数あれば、季節や自然環境の状況に応じて主となる漁法を柔軟に変えられる。このような活動の柔軟性が、漁獲物の多様性に反映されているといえるだろう。

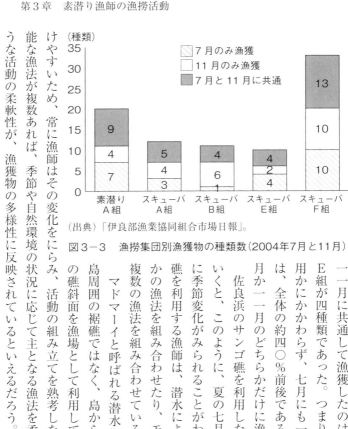

2 素潜り漁の漁撈活動とサンゴ礁地形の利用

では、素潜り漁師たちは、どのようにサンゴ礁での漁撈活動を行っているのだろうか。筆者は八重干瀬のサンゴ礁を中心に素潜り漁を行う集団の船主にお願いし、二〇〇〇年の夏から素潜り漁に弟子入りし、漁撈活動の参与観察を行ってきた。そこから得られた資料をもとに、素潜り漁師たちがどのように固有の民俗知識を実践しているのかを明らかにしていきたい。

(1) 構成員と調査方法

筆者が参与観察を始めた二〇〇〇年当時、素潜りA組は、船主aと船主の弟b、船主の同級生cの三名によって構成されていた。

aは一九三八(昭和一三)年生まれで、当時六二歳。祖父も父もモリツキ漁師であったため、物心ついたころから弟bと一緒に、モリを持って島周囲のサンゴ礁で漁をしていた。父親が厳しく、漁獲が少ないときには一日に何度も漁に連れて行かれることがあったという。厳しい父親のおかげで魚の習性や生息地に関する知識は豊富であると自負しており、同じ集落の漁師仲間からの評価も高い。二四歳で自分の舟を持つまでは、モリツキ漁やアギヤー(大型追い込み漁)に従事していた。

cは中学卒業と同時にアギヤー組に入った。東沙諸島への海人草取り、ソロモン諸島でのカツオ一本釣り漁などの遠洋漁業をそれぞれ一年間経験したことがある。遠洋カツオ一本釣り漁の配当金は大きいが、船の上での操業よりも、海に潜る島での漁撈活動が肌に合うという。ａが舟を持って以来、現在まで四五年間一緒に漁をしている。

筆者は素潜りＡ組の漁撈活動を舟に乗りながら参与観察してきた。二〇〇一年には、ウーギャンとアオリイカ漁の勢子として漁に参加する機会を六日間得た。

調査は、参与観察による個体追跡の方法を応用した。個体追跡とは、個体識別した特定の個体を時間的・空間的に経過を追って記録する方法である（煎本 一九九六）。具体的には、同乗した舟で、移動した軌跡や潜水ポイントをＧＰＳ（Global Positioning System: 全地球測位システム）で記録しながら、同じ舟に乗る三人の漁師の誰が、どこで、何時何分に、どんなことをしたか、行動の記録をとった。たとえば、出港前にどのように風を測定するのか、初めに向かう漁場や獲物をどのように決めるのか、漁場となるサンゴ礁のどの微地形を利用するのか、そしてどのように網を張るのかといった一連の活動である。

このようにして得られた情報によって、漁師から浜辺や自宅で漁に関する話を聞くなかで得られた潮汐現象や風、魚の生態などの民俗知識を、彼らがどのように実践の場で運用しているのか明らかにしていきたい。

漁師たちは、夜明け前の朝五時半ごろから、船着場に集まり始める。舟は、台車に乗せられて陸に揚げられている。船着場に着いた漁師たちは、一九九三年に国の整備事業の一環として建設されたシャワールーム付きの休憩場前のベンチに座りながら、前日の漁について話し合い、談話のひとときを過ごす（写真３―１）。

写真３－１　漁から戻り、西の浜で談笑するアギヤー組

このとき、誰もが空や対岸の宮古島を眺めている。夜明け前の空と海は漆黒で、その分かれ目がわからないほどである。だが、暗さに慣れると、筆者にも、星明りに照らされた雲が、ゆっくりと形を変えていくのがわかるようになった。

漁師たちは、空が明るくなるのを待ちながら、風や雲の流れ、雲が発生している方角を見て、風の向きや強さを確認している。船着場は防波堤で囲まれているので、海の状態は確認できない。雲の流れや吹く風かららだけで出漁できるか判断できない場合は、防波堤に上がってリーフ（礁原）の外の状態を見る。

船主は出漁できると判断すると、陸揚げされて台車に乗っている舟に上がり、干していた網をたたみ、エンジンの調子を確認する。これが出漁の合図となり、ほかの漁師たちはシャワールームでウェットスーツに着替え始める。そして、舟を海に下ろすため、台車止めをはずし、ワイヤーをゆるめる。舟を海に下ろすと、舟を支えていた台車を人力で引き上げなければならない。このとき、他の舟の漁師も協力して、台車をつなぎとめている綱を一緒に引っ張る。その後、すべての乗組員が舟に乗ると、舵を取る船主は漁業協同組合事務所下の水揚場に舟をまわす。そして、製氷機から冷蔵用の氷を積み、出航するため防波堤の外に舟を走らせる。このとき、舟の舳先《へさき》に座っている漁師たちは、お神酒である泡盛を左右の舷側や網、錨などに捧げ、一日の航海安全を祈願する。防波堤を抜けると、舵を取る船主は風向きを再び確認。潮流、風の向きと強さ、干満時刻などから、最初にまわる漁場をおおよそ決定する。このとき、他の漁師に尋ねることはほとんどなく、船主がひとりで判断する。こうして、一日の漁が始まる。

(2) 素潜りA組の漁撈活動(二〇〇一年)

ここで、素潜りA組の漁撈活動を再構成し、民俗知識の運用と実践の場について、具体的に検討していきたい。ここでは二〇〇一年七月一六日を取り上げ、八月六日と八月二六日の事例と比較する。漁場名は、bとcが潜水するたびに船上に残るaに聞き、メモをとった。aが袖網を投入するときには一緒に潜り、漁撈やアオリイカの動き、その地点の海底構造について水中から観察した。

〈事例　二〇〇一年七月一六日(旧暦五月二六日)〉

アオリイカを追い込み漁で獲ろうといくつかの漁場をまわったが、群れを見つけられなかったため、途中からウーギャンによる追い込み漁に切り替えた。朝の天候は快晴、風はほとんどない。活動時間中の干潮は午前九時四一分、満潮は一四時四九分。午前五時五三分に出港し、最初の漁

写真3－2　アオリイカの群れを探すため潜水する（八重干瀬、2001年）

場となったフデ岩に着いたのは六時四一分だった。

フデ岩東側の外洋側礁斜面に舟を近づけると、bとcが海に飛び込んだ。aは舟に残り、二人が泳ぐ様子を見ながら舵を取り続けた。bとcは北西からの潮流に乗りながら潜水し、アオリイカの群れを探す（写真3－2）。六時五〇分、水面下を見ながらcが右手を上げ、水しぶきをあげながら、水面を片手で叩き始めた。アオリイカを見つけたのだ。

これを合図に、aはエンジンをかけたまま舳先に移動し、錨を下ろして舟を固定。舳先に袖網の片方をくくりつけ、反対側をつかんで潜った。bとcは水面を叩いて脅かしながら、個別に泳ぐアオリイカをまとめている。袖網を持ったaは海に飛び込んで潮流の下手から泳ぎ、アオリイカの群れとb・cを囲うように、潮流の上手に泳ぎ始めた。そして、三人は並んで互いの距離を縮め、網の側面に向かってアオリイカを追い込んだ。アオリイカは、危険を感じると下降しない習性がある。このため、網の底をすくいあげるだけで、群れを捕えられる。

ａは、アオリイカの群れが逃げないように、袖網にくくりつけた紐で、すくった部分の網を縛った。舟に戻ったｃが網を舟に引き寄せ、ａはそのまま艫《とも》に戻り、舵を取った。ｂも舟に乗ると、ｃは錨を上げ、次の漁場へ移動する。群れの発見から、網を舟に引き上げるまでにかかった時間は、わずか六分。この漁場で約五キロの水揚げがあった。

そのまま、フデ岩の礁湖や縁溝へ移動するが、アオリイカはいない。そこで、潮流の下手になるサンゴ礁の東側をｂとｃが横に並びながら、南から北へ泳ぐ。アガイッジとイッジと呼ばれるこのサンゴ礁は、東側の外洋側礁斜面がなだらかに傾斜している。このような地形に生息するアオリイカは、群れずに個別に行動していることが多いという。ａによると、アオリイカは、波やうねりの影響を避けるためにサンゴ礁の湾曲部や溝部分に群れる習性がある。ｂとｃが横に並び、沿うように泳いでいるのは、個別に泳ぐアオリイカは半透明で、一人では見つけにくいからだという。

七時四七分、フデ岩最北の場所に潜水するが、群れを見つけられなかったので、舟に上がった。その三分後に八重干瀬方向へ移動する。このとき、舵を取るａはｂとｃに、向かう漁場について一切相談しなかった。

八重干瀬のなかでも南側に位置するキジャカの礁湖に着いたのは、八時一三分だ。フデ岩から移動に二三分かかっている。潮が引き、ところどころサンゴが干出していた。キジャカの礁湖や外洋側礁斜面で、アオリイカの群れを探すため潜水するが、見つけられない。

その後、キジャカの周囲の小さいサンゴ礁であるビーバクとサグナ・ナガ・ビジ(ホラガイ・長い・瀬)に潜水した。南北に長いサグナ・ナガ・ビジと呼ばれるサンゴ礁では、bが飛び込んだ後、cは約二〇〇メートル離れて潜った。このサンゴ礁は、外洋側礁斜面が切り立つような地形をしている。アオリイカは、このような礁縁に群れると考えられている。二人が離れて潜ったのは、サンゴ礁の礁縁の北端からcが、南端からbが、対面するように泳ぐためである。

八時四五分、水深の深い、干潮時も干出しないイーニャ・アガイニャ・ヌ・ビジと呼ばれるサンゴ礁に潜った。このサンゴ礁は、海底から切り立つような地形をしている。aは、この地形の特徴を「アラハもナガウもない」と説明した(アラハは緩斜面、ナガウは急斜面)。このサンゴ礁は周囲が小さい。そこで、bとcが二手に分かれ、礁縁に沿ってアオリイカの群れを探した。船上に残るaは、潮の流れが北西から北東に変わりつつあると筆者に説明する。この後、三カ所のサンゴ礁をまわるが、漁獲はない。

九時三〇分、ウルグスの北側の外洋側礁斜面に到着した。すぐに飛び込もうとしたbに向かって、aは「おいおい、おいおい」と声をかけて制する。海面の表層が細かく渦を巻いていた。このような状態は、海中の潮の流れが速いことを示している。泳ぐのが危険なため、漁場を変えることにする。

ウルグスの北側の礁斜面から東側にまわりこんで潜水。九時四〇分、礁斜面が広く、緩やかに傾斜するンナ・ヌ・ヤー(サザエ・の・家)と隣接するタナカ・ヌ・シでは、続けて四四分潜水しながらアオリイカの群れを探した。九時五九分、他の舟の素潜り漁師が手を振っているので、舟を近づけた。サラサバテイやヤコウガイを採集していたが、氷が溶けてしまったので少し分けてほしいという。ｃは氷を袋いっぱいにつめて、この漁師に渡した。

この後、ウーギャンを三回行った。これまで、アオリイカを漁獲できたのは一回のみだ。すでに干潮を迎え、これからは潮が満ちる。満ち潮になると、礁縁に群集していたアオリイカがサンゴ礁から外洋へ個別に移動するので、これまで以上に漁獲が難しくなる。このため、アオリイカを狙うのをやめて、ウーギャンによる追い込み漁に変えた。

一〇時二五分、ヒグマラ・ヌ・タカウリと呼ばれる漁場の北側の礁原が割れて水路のようになっている場所と、そこから傾斜する外洋側礁斜面の地形を利用して、網を張る。潮の向きを尋ねると、ａは「潮は止まったような状態だ」と説明した。潮汐表と照らすと、干潮から約四四分が過ぎている。袖網と袋網を海底に設置するまで、四五分かかった。袖網の両端に、白いビニール袋を約一メートル間隔にくくりつけたロープが結びつけられている。魚が、この袋に脅えて礁縁へ移動するという。

潜水しながらロープの両端をａとｃが引っ張り、礁原を囲い込んだ。三人は水深の浅い礁原側に一直線に並ぶと、片手で水面を叩き、片手でナガイシと呼ばれる紐の先におもりのついた漁具を海底に当てた。そして、音を立てながら魚の群れを、縁溝と外洋との接点に設置した袋網へ追い込んだ。ｂはａと一緒に泳いでいたが、ｃが「ヤグミハシトゥイドー、アガイ、アガイ」(たくさん逃げていってるぞ。東だ、東)と叫ぶと、ａとｃが持つロープの輪の真中へ向かって泳いだ。

一一時一〇分、三人はいっせいに袋網に向かって、右手で水面を叩く。水しぶきをあげ、左手にロープで垂れ下がった鉛を持って海底に打ち付け、音を立てながら追い込んだ。このとき、最も水位が浅い地点では、膝丈よりも浅かった。一〇分後、三人とも袋網の前に泳ぎ着き、魚を袋網に追い込んだ。bとcが海底のサンゴに引っ掛けて固定していた袋網をはずし、船上に引き揚げる。網の回収にかかったのは、わずか四分間だった。一一時二四分、袖網も回収し終えて、一回目のウーギャンが終了。この漁場では、体長四〇センチほどのブダイ科やサザナミハギ、ミヤコテングハギを漁獲した。

二回目のウーギャンは、ビーバクと呼ばれる漁場東側の外洋側礁斜面に網を張った。この漁場は小さなサンゴ礁が二つ接した地形をしており、前回のサンゴ礁より袖網で囲う距離は短くてよい。このため、張った袖網は前回よりも一枚少ない。設置にかかったのは三六分。その後、前回と同様の要領で追い込む。袋網を浮上させるまでにかかったのは、一回目と同じ四分である。

三回目のウーギャンをするころには潮の向きが変わり、南東寄りの流れとなった。一二時一五分、潮流に向けて袋網を設置し、アカッジと呼ばれる漁場の礁縁に沿って袖網を設置する。このとき、外洋側の袖網を一枚多くつなげた。これは、礁原から追い込まれた魚が外洋側の袖網にぶつかり、それに沿うように袋網へ誘導するためである。網の設置に一五分、追い込み終了までに二四分かかった。一三時一八分に袖網と袋網を回収し終えると、伊良部島へ針路を向ける。一三時五七分、佐良浜漁港に入港し、水揚げをした。

この日は、合計二二カ所の漁場をまわっている。そのなかで、アオリイカを漁獲できたのは一カ所のみであった。午前九時四一分の干潮のあと、潮が引いた浅瀬のサンゴ礁地形を利用してウーギャンを三回行った。網の設置にかかった時間は最短で一五分、最長で四五分。群れる習性のサザナミハギやミヤコテングハギ、イチモンジブダイ（メス）やハゲブダイ（メス）などのブダイ科を漁獲した。

図3－4は三日間の活動時間を漁法別に示している。八月六日は二九カ所の漁場に潜水し、アオリイカの群れを見つけて追い込み漁をしたのは一一カ所であった。このうち、九カ所で漁獲できたが、二カ所では逃げられた。この日は午前八時九分に満潮を迎え、一四時四四分の干潮に向けて潮

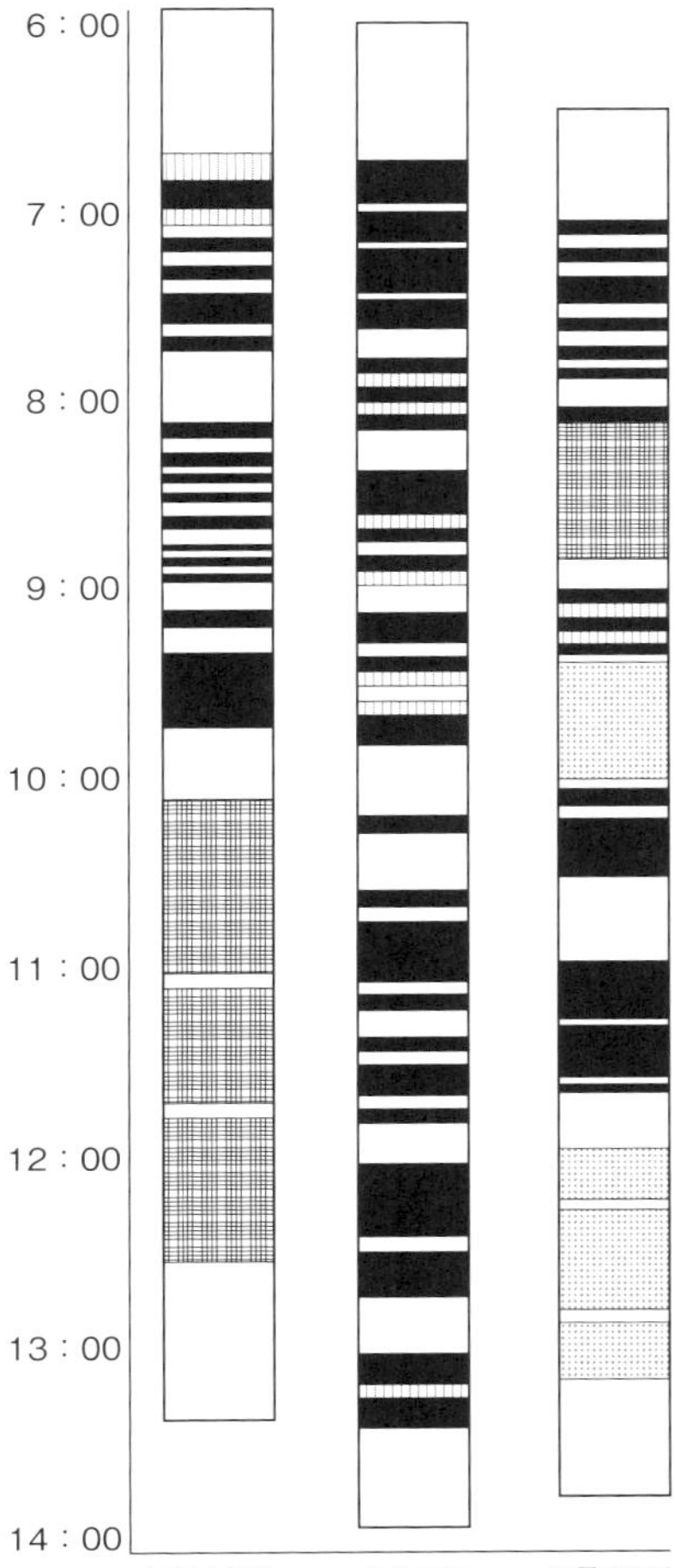

（注）□移動、▥アオリイカの追い込み漁、■潜水によるアオリイカの探索、▨モリツキ漁、▦ウーギャン。

図3－4　素潜り漁師の3日間の漁撈活動（2001年）

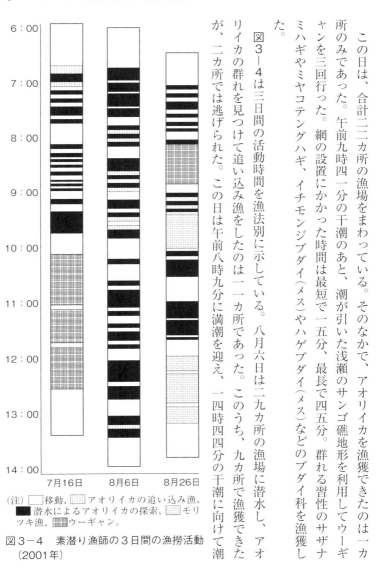

が引く中での漁だった。潮が引くとアオリイカがサンゴ礁の礁縁部に群れるので、比較的群れを発見しやすくなるという。そのため、この日はアオリイカのみを狙って活動を組み立てている。

一方、八月二六日は、アオリイカを探して一五カ所の漁場をまわったが、途中でウーギャンやモリツキ漁に切り替えている。各漁場内では、アオリイカが好むといわれる波の影響を受けにくい湾や礁縁の割れ目、礁湖を中心に潜水したが、アオリイカを漁獲できたのは二回のみであった。イカの群れを探している途中でアイゴの群れを発見すると、瞬時に漁法をウーギャンに切り替えた。その後、潮が満ちてきてアオリイカの群れを発見しづらくなっていく。また、ウーギャンで漁獲できる魚の価格が下落していることから、より高値で取引されるテングハギやハゲブダイなどを対象としたモリツキ漁に切り替えた。

このときは、モリツキ漁の漁場として、テングハギの「家」とも呼ばれる塊状サンゴが礁池に点在するサンゴ礁へ移動している。テングハギは塊状サンゴの窪みに繁茂した藻を食べるため、常にその周囲や内側を遊泳するという。潮汐現象の変化やアオリイカの漁獲が想定よりも少なかったため、高値で売れるテングハギなどが生息すると認識されるサンゴが点在する漁場に立ち寄って、水揚げを補ったのだ。

以上の事例から、三日間の漁の組み立て方はまったく異なることが指摘できる。

(3)「成果の不確実さ」を乗り越える民俗知識

三日間の事例をとおして、マドマーイと呼ばれるサンゴ礁地形を利用した潜水による漁法がどのように行われているのか、参与観察による資料から分析してきた。この三日間は、まったく異なる漁撈活動の組み立て方をしている。

七月一六日はアオリイカの群れを見つけられなかったため、途中で他の魚を狙うウーギャンに切り替えた。八月六日はアオリイカだけを対象とし、二九カ所もの漁場をまわっている。八月二六日はアオリイカの群れを探している途中で、アイゴの群れを発見したため、急遽ウーギャンに切り替えた。その後、アオリイカの群れを見つけられず、またウーギャンで漁獲できる魚の価格が下落しているため、比較的高値で買い取られるテングハギを対象としたモリツキ漁に切り替えた。

素潜りA組の漁撈活動は、漁場や対象魚種などの自然現象や市場の価格という経済的要因に応じて、まさに「タヌキが化けるように」漁法を変えている（市川 一九七七）。自然現象や地形、対象魚種の生態的な特徴などに関する実践的な民俗知識を駆使して、状況に応じた漁法を臨機応変に選択していた。漁師たちは、広漠とした海に身体を投じ、狙った獲物と向き合うという直接的な経験をとおして、実践的な民俗知識を体得していく。

これまでみてきた事例は、潮汐現象のなかでも、とくに干潮あるいは満潮の前後の潮がほぼ止まったような状態になる時間帯が重要であることを示している。佐良浜では、このような潮の流れが止まったような状態をスドゥルンと呼び分けている。たとえば、七月一六日の漁では、ンナ・ヌ・ヤーとタナカ・ヌ・シで、この日の最長時間となる四四分も潜水した。潮汐表と照らすと、ちょうど干潮の時刻にあたる。潮の流れはほぼ止まったような状態で、抵抗が少なく泳ぐことができた。さらに、潮が引いているため、ふだんは水深の深い場所での漁も可能である。

八月二六日の事例では、九時九分に満潮になった後の九時一七分に、ふだんは潮の流れが速いと漁師たちに警戒されているドゥ・ヌ・カドで、アオリイカを探すため潜水している。満潮になって間もないため、潮の流れはほぼ止まったような状態とみなしたからである。このように、スドゥルンと呼ばれる満潮や干潮の前後約一時間の潮どまりは、潜水による漁法を営む漁師にとって重要な時間帯であるといえるだろう。これらの事例からも、漁師たちは潮汐の変化を考慮しながら、漁撈活動を組み立てていることがみえてくる。

さらに、アオリイカの生態的特徴に関する民俗知識によって漁場を選択していることにも、注目したい。参与観察期間中、素潜りA組は、体長一〇センチほどの小さなアオリイカの群れを狙っていた。アオリイカは五～六月ごろに、産卵するため浅瀬のサンゴ礁に集まる。体長の小さなころは、波の影響を受けにくい浅瀬の表層に群れて漂っている。佐良浜漁師は、このように体長が小さいアオリイカをアオッキャと呼ぶ。

漁師たちは、体長一〇センチ以上の大きいアオッキャを見たことはないという。成長すると、浅瀬のサンゴ礁から沖へ出て行くのではないかと考えられている。成長したアオリイカはシロイカと呼ばれ、釣り漁で漁獲される。それは、アオッキャとは別のものとして理解されている。

漁師によると、アオッキャは、夜明け前まで月が残っている旧暦七～九日ごろに、沖から群れでサンゴ礁の浅瀬に押し寄せてくる。また、台風や強い波浪の影響を受けた翌日には、群れが大きくなる。アオッキャはとりわけ波浪に弱く、潮流の下手側のサンゴ礁の湾や窪みの表層に生息すると考えられている。引き潮時には浅瀬に群集するため漁獲しやすいが、満潮時は個別に行動するため獲りにくくなるという。引き潮は漁を行ううえでの重要な判断基準となっているといえよう。

また、アオッキャは、漁師に追い込まれると、胴体の色が白から透明に変わる。このため、熟練漁師さえも、群れを見分けるのが難しい。雨が降ると、表層に細波が生じるので、より見つけにくくなる。三日間の事例からも、素潜りＡ組は、アオリイカが好む枝状サンゴが発達した浅いサンゴ礁や、湾曲や縁溝のあるサンゴ礁を中心にまわっていることが指摘できる。そして、潮が満ち始めると群れを見つけにくくなるため、他の魚を獲ろうと追い込み漁やモリツキ漁に漁法を切り替えている。

このように漁獲対象や漁法を柔軟に切り替えるためには、その対象となる海洋生物が好む生息場所や習性などの生態的知識と、サンゴ礁の構造や海底構成物などの地形に熟知していることが重要である。素潜りＡ組の活動からも、漁法と漁場を状況に応じて選択していることがわかる。

たとえば七月一六日の漁では、アオリイカの群れを見つけられず、礁原に生息する魚を対象とするウーギャンに切り替えた。この追い込み漁では、サンゴ礁の礁原や礁縁の溝に沿って袖網を張り、その外洋側に袋網を設置する。どのサンゴ礁にもこのような溝があるとは限らない。したがって、袖網を張ることのできる溝のあるサンゴ礁がどこにあるのか、海底地形やその位置を熟知していることが重要である。

さらに、八月二六日の漁では、礁湖の塊状サンゴに生息する魚を対象とするモリツキ漁に切り替えた。このような塊状サンゴは、八重干瀬ではイフやハイビジ・ヌ・クンカディと呼ばれる礁湖に多く点在しているといわれる。これらのサンゴ礁にはテングハギやブダイ科などの魚が生息しているといわれ、モリツキ漁の主要な漁場となる。

潜水による漁法を営む漁師の活動域は、一〇キロ四方にわたって大小さまざまなサンゴ礁が一〇〇以上点在する八重干瀬だけではなく、伊良部島や宮古島周囲の裾礁に広がる。それゆえ、漁場を選択する際に、広範囲に海底地形やその底質、そこに生息する生物をよく知らなければならない。

素潜りA組は、自然条件や魚の価格変動に応じて、その日の活動を柔軟に組み立てていた。そして、状況によって瞬時に漁法を切り替えるために、漁獲対象魚の生態や習性、生息場所となる地形の分布、漁場空間の自然現象などに関する民俗知識を駆使している。つまり、彼らの活動の柔軟性は、こうした実践的な知識の集積のうえに成り立っているといえるだろう。

ところが、漁師があらゆる経験と知識をもとに獲物を狙い定めたとき、その生物もまた、生命をかけて逃げようと一瞬のすきをにらむ。漁師と生物は、互いの微動さえ見逃すまいと対峙する。だからこそ、どんなに経験知を駆使しても、必ずしも漁師が勝者になるとは限らない。二九カ所もの漁場をまわった二〇〇一年八月六日は、一一カ所で網を張るものの、二カ所でアオリイカに逃げられた。漁撈とは、自然に関する詳細な知識を育み、あらゆる状況に適応するために生存戦略を立てながらも、成果の不確実な生業活動といえるだろう。

第4章

魚が紡ぐ島嶼コミュニティ

――「情」の経済と生活戦略

修学旅行に旅立つ子どもたちを港で見送る（2001年5月）

1 魚が紡ぐコミュニティ

本章では、流通について、佐良浜で行われている取引慣行をもとに検討する。とくに、現在、地域固有の経済活動がどのような論理に基づいて実践されているのかを考察していきたい。佐良浜集落では、漁獲物はセリではなく、仲買いと漁師の固定された関係によって売買される。本章では、佐良浜で行われている取引慣行の意味を社会的な文脈とサンゴ礁資源の利用から検討する。

自然に対してどのような働きかけを行っているのか、そして、それが環境にどのような影響を与えているのかを分析するために、ローカルな社会経済的な状況とその論理を掘り起こすことは重要である(島田 一九九九)。とくに、自然災害や市場の不安定さといったリスクへの人びとの対処方法を明らかにすることは、人間と環境の関係性だけではなく、人間と人間の関係性といった社会全体のあり方の検討と分かちがたく結びついていることが、最近の研究によって指摘されてきた(佐藤 二〇〇二、菅 二〇〇五)。

本章では、これらの研究をふまえて、地域社会における経済活動の固有のあり方に着目していく。具体的には、島外市場との接点にある仲買いの行動戦略に焦点をあて、伊良部島の経済活動がどのように実践され、そして、それは何によって支えられているのかを考察する。そして、この取引慣行が、漁師の漁撈活動にどのような影響を与えているのかを考えていきたい。

2 「ウキジュ」という経済慣行

(1) ウキジュとは何か

漁師と仲買いの固定された取引関係

佐良浜には、セリがない。伊良部島に水揚げされた水産物は、伊良部漁業協同組合をとおして島外市場へ出荷されるか、漁師と仲買いとの固定されたウキジュと呼ばれる関係によって売買されている。一九七八年に宮古空港にジェット機が就航すると、水産物の空輸が可能となった。さらに、一九八三年には滑走路が二〇〇〇メートルに拡張され、大型のジャンボ機が就航する。これによって、宮古地域からの農産物や水産物の流通先は、那覇にとどまらず、関東や関西の卸売市場などへ拡大した。

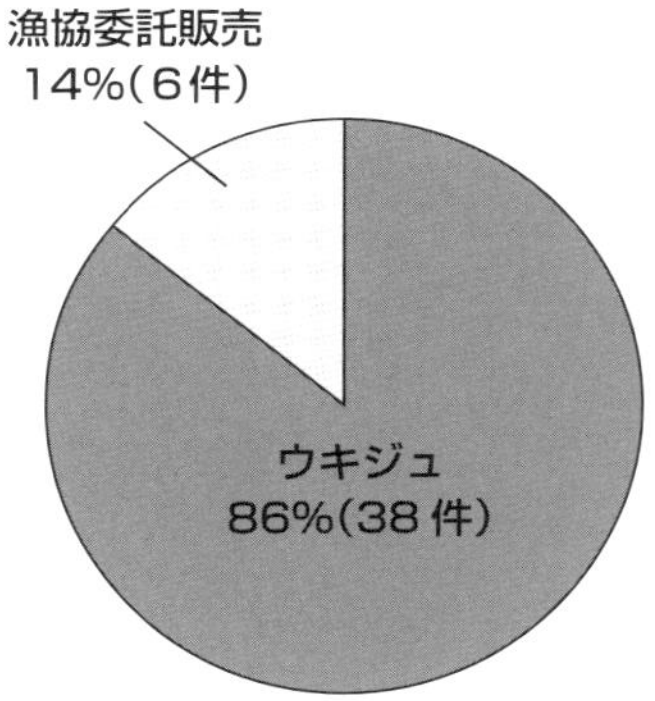

図4－1　水産物の販売形態(2004年)

調査期間中、稼動していた四四隻の船主に、水揚げした水産物の販売方法について聞き取りを行った結果を図4－1に示した。この図から、八六％がウキジュの関係にある仲買いに販売していることがわかる。なお、不定期に漁をする高齢や兼業の漁師は、漁協をとおした委託販売によって出荷している。伊良部漁協をとおして委託販売する場合は、漁師は箱代や氷代、運送代などの諸経費と、委託販売手数料として販売額の五％を漁協に支払わなければならない。コスト負担が大きいため、リーフフィッシュを獲る多くの漁師はウキジュでの販売を選択する。

それでは、ウキジュとはどのような取引慣行なのか、詳しくみていきたい。ウキジュとは漁師と仲買いとの固定された取引関係を意味し、その取引相手をウキジュと呼ぶ場合もある。漁師は、ウキジュ関係のある仲買いに、その日の水揚げを必ず、すべて売らなければならない。また、仲買いは、ウキジュ関係のある漁師が獲ってきたものを、必ず、すべて買い取らなければならない。表4−1は、調査当時のウキジュ関係を示している。調査期間中、佐良浜には七人の仲買いがいて、三八組のウキジュ関係があった。

表4−1　ウキジュ関係（2004年）

（単位：組）

仲買い	マドマーイ		小型船舶	合計
	素潜り	スキューバ		
No.1	1	2	3	6
No.2	3	2	5	10
No.3	1	2	2	5
No.4	2	3	2	7
No.5	2	0	4	6
No.6	0	0	2	2
No.7	0	0	2	2
合計	9	9	20	38

仲買いは、それぞれ複数の漁撈集団とウキジュ関係を結んでいる。第1章でもみてきたように、佐良浜の漁撈形態は、サンゴ礁を利用した網漁（追い込み漁）やモリツキ漁などの潜水による漁法を営むマドマーイと、外洋での釣り漁を営む小型船舶に、大きく分けられる。また、マドマーイは、素潜り（写真4−1）とスキューバダイビングの技術を利用する漁撈集団に分けられる。仲買いは、マドマーイと小型船舶を営む漁撈集団のなかから、取引関係

写真4－1　スーニガマから水揚げする素潜り漁師（2004年）

を結んでいる。

　では、具体的にその内容をみていきたい。たとえば、仲買いNo.1は、マドマーイと小型船舶の各三組とウキジュ関係にある。最もウキジュ関係が多いのは、仲買いNo.2で、合計一〇組（マドマーイと小型船舶五組ずつ）の集団とウキジュ関係にある。このうちマドマーイは、三組が素潜り、二組がスキューバを利用している。

　表4―1から、どの仲買いも小型船舶と取引関係にあるが、必ずしもマドマーイと関係を結んでいるわけではないことがわかる。たとえば仲買いNo.6とNo.7には、マドマーイとのウキジュはない。仲買いNo.7は、以前はウキジュを結んだマドマーイの数が最も多かったといわれているが、現在は七三歳と高齢になったため、小型船舶とのみ取引関係にある。マドマーイが獲ってくるサンゴ礁に生息する魚は、ウロコや内臓の処理という付加価値をつけなければ売れにくいといわれる。このため、仲買いNo.7は、

表4－2　仲買いと漁師の社会関係

属性	仲買い（男性）	仲買い（女性）	計
夫	—	1	1
息子	0	1	1
兄弟	0	1	1
親戚	4	3	7
その他	15	13	28
合計	19	19	38

水揚げされたまま売ることのできる、小型船舶が獲ってくる外洋性のカツオやマグロ、シイラなどを扱っている。このように、どの漁法を営む漁師と取引関係を結ぶかは、仲買いごとに大きく異なる。

表4－2は、仲買いと漁師との社会関係を示している。男性の仲買いは四人、女性の仲買いは三人である。このうち、男性の仲買いを妻が手伝っているのは二組ある。女性の仲買いは三人とも七〇歳を超える高齢のため、息子や嫁、孫が手伝っている。表4－2からも明らかなように、佐良浜のウキジュ関係において、仲買いと漁師が家計経済を共有している妻－夫関係は一組しかない。また、独立した家庭をもつ息子や兄弟との取引関係にある仲買いは、女性二組である。夫や息子、兄弟、親族関係にない、その他のウキジュ関係が二八組で、全体の約七〇%を占めている。つまり、仲買いと漁師との間には、必ずしも妻－夫関係や親族関係は反映されていないといえるだろう。

では、ウキジュ関係における取引相手は、何を基準にして選択されるのだろうか。

前章で述べたように、マドマーイの漁撈集団は、いくつかの漁法を組み合わせて漁を行っており、その組み合わせは集団ごとに異なる。その結果、獲った魚の種類が集団間で重なることは少ない。つまり、「商品」を特定の漁師から仕入れる仲買いにとって、どの漁師とウキジュを結ぶかは、どの「商品」を取り扱うかと同意義となる。

表4－3　取引された水産物の仕入先
（2002年10月27日～11月28日）

仕入先の漁撈形態		計
マドマーイ	素潜り	21
	スキューバ	12
	両方	10
小型船舶		4
石垣島からの取り寄せ		1
合　　計		48

「商品」の違いを生むウキジュ関係の結び方

表4－3は、二〇〇二年一〇月二七日～一一月二八日に、すべての仲買いが仕入れた水産物の漁撈形態別種類数を示している。表4－4は、その内訳である。調査期間中、合計四八種類もの水産物が扱われていた。小型船舶から仕入れたのは四種類だが、潜水による漁法であるマドマーイからは四三種類を仕入れている。なかでも、素潜りから二一種類を仕入れていた。

二つの表から、仲買いごとに取り扱う水産物にバラエティがあり、その総数にも大きな隔たりがあることがわかるだろう。たとえば、最も仕入れた種類数が多い仲買いNo.1は三三種、最もウキジュ関係の多い仲買いNo.2は二九種を扱っていた。一方、マドマーイとウキジュを結んでいない仲買いNo.6とNo.7の総数は、五種類と四種類のみである。その内訳は、小型船舶が漁獲するキハダ、メバチ、カツオ、シイラなどの外洋に生息する魚である。つまり、マドマーイとウキジュ関係にある仲買いほど、多様な「商品」を手元にそろえている。

小型船舶が漁獲するキハダ、メバチ、カツオ、シイラは、どの仲買いも扱っている。ビンナガは、後述するように石垣島の水産会社から取り寄せられる。仲買いの約七割が、ビンナガを仕入れていた。

ここで、潜水による漁法を営むマドマーイによって、全体の約九〇％を占める四三種類もの水産

表4－4　仲買別仕入れた水産物の種類

仕入先の漁撈形態		和名	仲買い						
			No.1	No.2	No.3	No.4	No.5	No.6	No.7
マドマーイ	素潜り	ハナアイゴ	○	○		○			
		コバンヒメジ	○	○					
		アマミスズメダイ	○		○				
		ナミスズメダイ	○		○				
		ノコギリダイ	○		○				
		ハゲブダイ(メス)	○	○					
		テングハギ	○	○					
		ゴマハギ	○	○					
		サザナミハギ	○	○					
		アオリイカ	○	○					
		サヨリ	○						
		ロクセンスズメダイ		○					
		シロクラベラ		○					
		ホオアカクチビ		○					
		ヨコシマクロダイ		○					
		イソフエフキ		○					
		ツムブリ		○					
		イロブダイ(メス)	○						
		シロオビブダイ	○						
		キツネブダイ(オス)		○					
		クログチニザ		○					
	スキューバ	アオノメハタ	○		○	○			
		スジアラ	○		○	○			
		コクハンアラ	○		○	○			
		イチモンジブダイ(オス)			○	○			
		ナンヨウブダイ	○		○				
		イセエビ	○	○					
		アカヒメジ			○				
		イソマグロ	○						
		ハゲブダイ(オス)			○				
		イチモンジブダイ(メス)				○			
		クロハギ	○						
		ムスジコショウダイ	○						
	両方	ウツボ	○	○	○	○			
		ミヤコテングハギ	○	○	○	○			
		ヒトスジハリセンボン	○	○	○	○	○		
		ワモンダコ	○	○		○			
		ロウニンアジ	○	○	○				
		コブシメ	○		○	○			
		サラサバテイ		○	○	○			
		ハマフエフキ	○	○					
		ヒメジャコ			○	○			
		ヤコウガイ		○		○			
小型船舶		キハダ	○	○	○	○	○	○	○
		メバチ	○	○	○	○	○	○	○
		カツオ	○	○	○	○	○	○	○
		シイラ	○	○	○	○	○	○	○
石垣島からの取り寄せ		ビンナガ	○	○	○		○	○	
合計			33	29	22	18	6	5	4

(出典)参与観察と「伊良部漁業協同組合市場日報」より作成。

物が水揚げされている点に注目したい。調査期間中、素潜りによって三一種類もの水産物が漁獲されていた。これは、すべての仲買いが扱った水産物種の約六五%を占める。たとえば、コバンヒメジ、テングハギ、ゴマハギ、サザナミハギなどは、サンゴ礁の浅い礁斜面に群れをつくる習性がある。素潜り漁師はこの習性を利用して、サンゴ礁の礁縁に沿って袖網を張り、追い込み漁によって群れごと漁獲する。また、特定の群れを対象とするのではなく、小さいパッチ礁全体を綱で囲って追い込む場合もある。このときは、文字どおり一網打尽に多種多様な魚を大量に捕らえられる。

一方、アオノメハタ、スジアラ、コクハンアラといったハタ科などの一二種は、スキューバを利用する漁撈集団のモリツキ漁によって漁獲されている。とくにハタ科の魚は、サンゴ礁の潮通しのよい礁縁部で単独で泳いでいることが多い。キロあたりの買取金額が一〇〇〇円以上する高級魚でもある。さらに、モリツキ漁では種類と大きさを選別できるため、群集する性質をもつハゲブダイやイチモンジブダイのなかでも、身に弾力と味があると好まれるオスを選別して漁獲している。モリツキ漁は、一度にたくさんの魚を獲ることはできないが、高値で取引される魚を選んで漁獲しているといえるだろう。

このように、マドマーイという潜水による漁法のなかでも、素潜りかスキューバ利用かという漁撈形態の違いが、漁獲した水産物に反映されている。とくに、素潜り漁師が活動する浅瀬の礁斜面とスキューバを利用する漁師が潜水する水深約二〇メートル前後では、生息する魚種が異なる。この結果、マドマーイとウキジュ関係によって魚を仕入れられる仲買いは、さまざまな「商品」をラインアップできるのである。

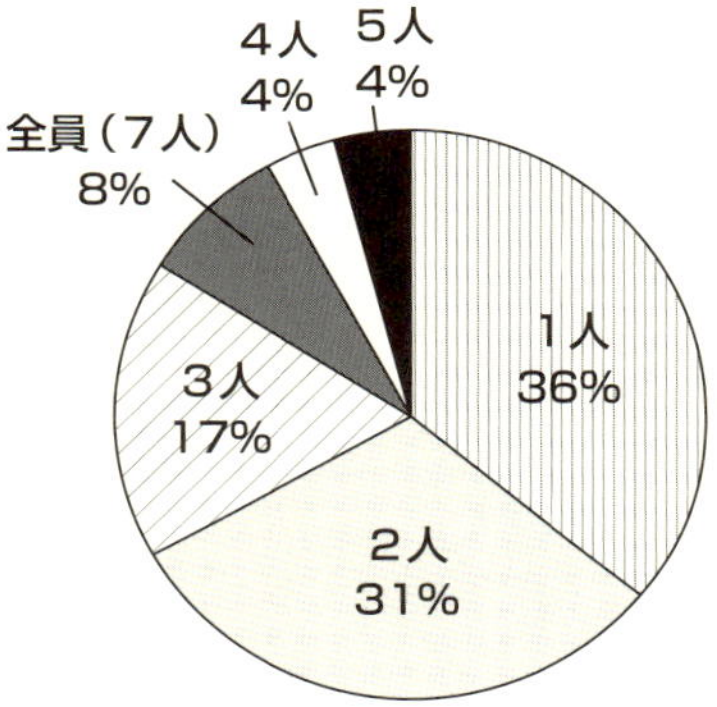

図４－２　同じ商品（水産物）を扱う仲買いの割合

　図４－２は、同じ水産物を扱う仲買いの数を示している。この図で、調査期間中にすべての仲買いが仕入れた水産物の約三六％にあたる一七種類は、一人の仲買いのみが扱っていることに注目したい。これらの水産物は、仕入れた仲買いにとってほかの仲買いと競合しない「商品」である。たとえば、最も取り扱う水産物の種類が多い仲買い№１では、サヨリ、イロブダイ（メス）、シロオビブダイなど六種類がこうした魚種であった。

　また、最もウキジュ関係が多い仲買い№２のみが扱っている水産物は、八種類あった。たとえば、素潜り漁師が漁獲した、浅瀬のサンゴ礁に生息するロクセンスズメダイ、潮通しのいい岩礁性の礁斜面を好むイソフエフキなど群集する性質のある魚類、高級魚として取引されるシロクラベラなどである。そして、二人の仲買いが扱った水産物種は、全体の三一％を占める一五種類であった。

　仲買いにとって、競合する相手が少なかったり、自分しか取り扱わない水産物という商品を仕入れることは、ほかの仲買いとの差異を生むことを意味する。つまり、仲買いにとって、どの漁撈形態をとる漁師とウキジュ関係を結ぶかという組み合わせは、ほかの仲買いとの過当競争を避けるための販売戦略となるのである。

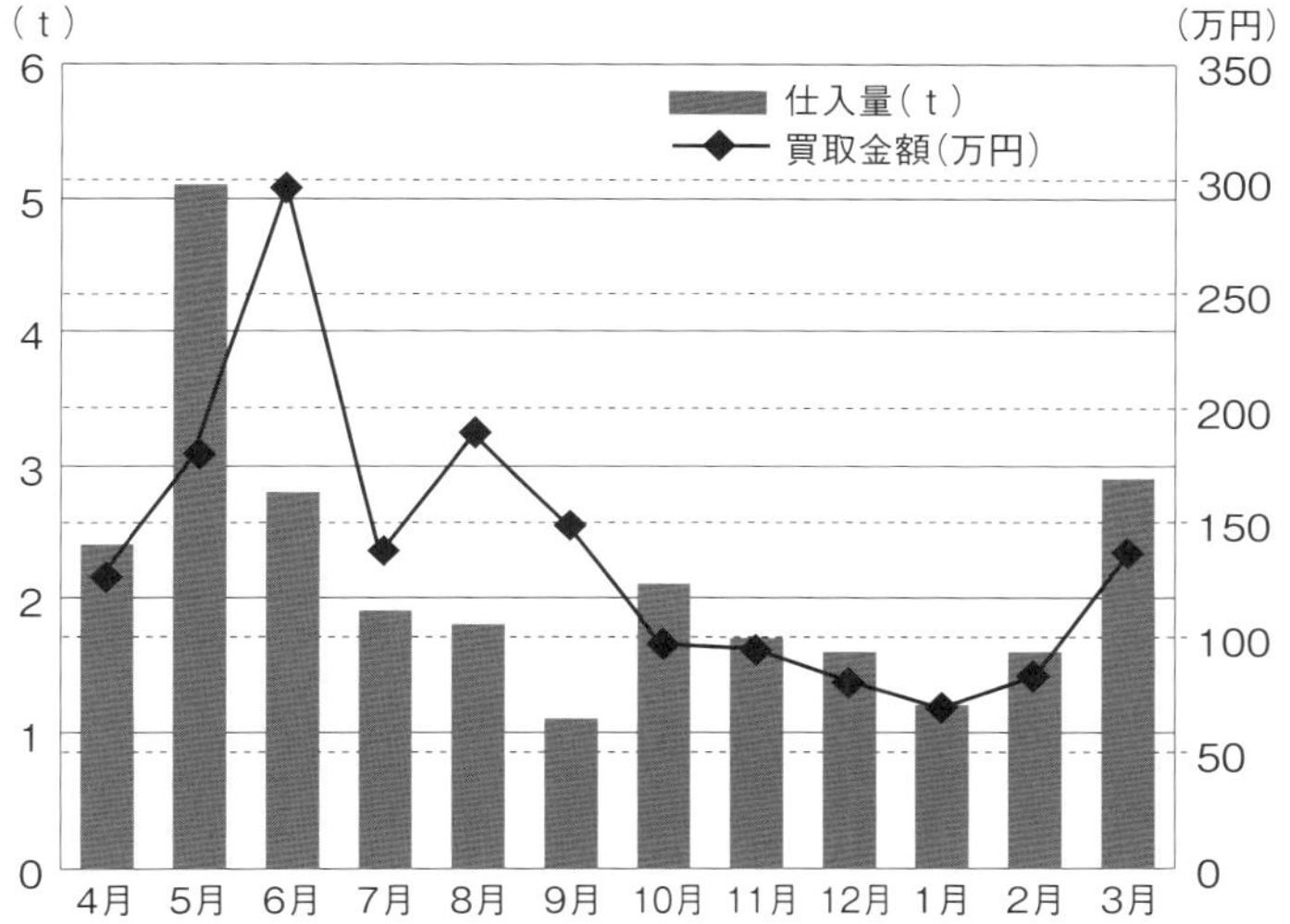

（資料）「伊良部漁業協同組合市場日報」より作成。

図４－３　仲買いNo.1のマドマーイからの仕入量と買取金額（2003年4月1日～2004年3月31日）

季節による変化

図４―３は、仲買いNo.１がウキジュ関係にあるマドマーイと取り引きした仕入量と買取金額の季節変化を示している。マドマーイからの仕入量は、三～六月にかけて二〇〇〇キロを超える。五月が最も多く、五〇五四キロを仕入れている。一方、台風シーズンに入った九月は最も少ない。秋の穏やかな晴天が続く、スサンツと呼ばれる一〇月になると、再び仕入量は増える。そして、強い北風が吹きつけ、とくに北側に位置する八重干瀬に出漁できる日が少なくなる一月には、再び仕入量が減少する。一月の仕入量は、一二四六キロであった。

一方、マドマーイからの買取金額は、六月が二九七万二二五円と一年中で最も多い。だが、六月の仕入量は二八四九キロで、五月ほど多くない。この年の六月は、

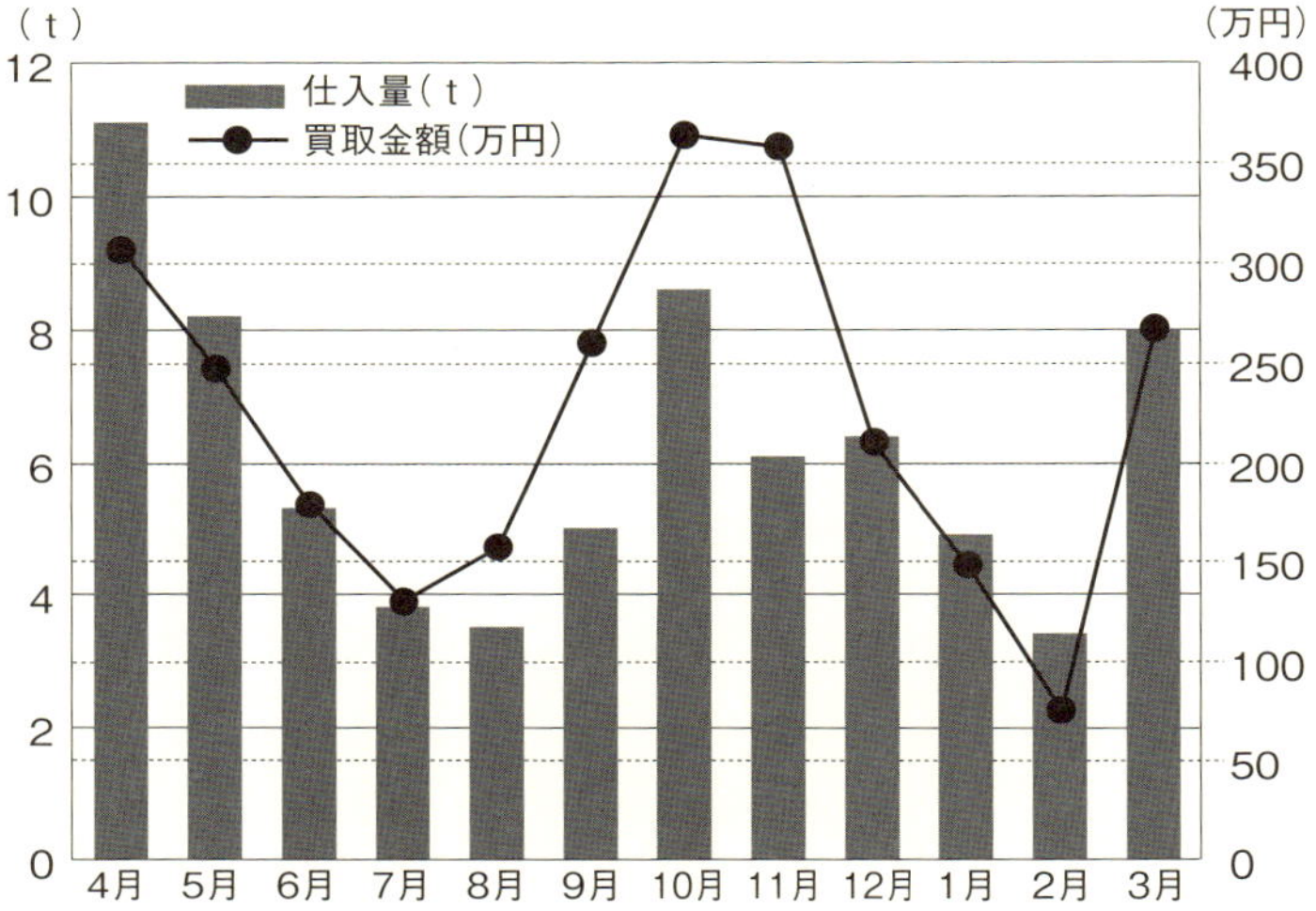

（資料）「伊良部漁業協同組合市場日報」より作成。

図4－4　仲買い No.1 の小型船舶からの仕入量と買取金額（2003年4月～2004年3月）

旧暦五月一日前後の限られた日にしか接岸しないといわれる、シモフリアイゴの稚魚の大漁に恵まれた。この稚魚は、希少資源として商品価値が高い。また、八月の買取金額は、一八九万一六五〇円と二番目に多い。この時期は、一キロあたり二〇〇〇円で取引されるアオリイカを仕入れる日が多かった。

前述したように、マドマーイは年間をとおして多種多様な水産物を漁獲する。一年をとおしてよく漁獲されるブダイ科は一キロあたり三〇〇円、ハナアイゴは五〇〇円、めったに水揚げされないアマミスズメダイは九〇〇円と、魚種ごとに単価の幅が広い。このため、図4－3で示されたように、仲買いNo.1が取り引きした買取金額は仕入量に必ずしも比例しない。

次に、仲買いNo.1と小型船舶の取引についてみていきたい。図4－4は、仲買いNo.1が小型船舶と取引した仕入量と買取金額の季節変化を示している。

小型船舶からの仕入量は、第3章でも述べた、ビーズンと呼ばれる穏やかな風が吹き始める三月から五月にかけて多い。一方、七月と八月の仕入量は、三五〇〇キロ強しかなかった。この年、漁師によると、外洋に設置されたパヤオに集まるマグロやカツオが例年よりも少なかったという。どの船も水揚高が少なく、不漁の続く日が多かった。そして、穏やかな晴天が続く一〇月には、再び仕入量が増える。一〇月の仕入量は、八六〇四キロであった。小型船舶からの買取金額は一〇月が最も多く、三六〇万円を超えた。

仲買いは、ウキジュ相手である漁師から魚を買うことができると同時に、水揚げのすべてを買い取らなければならない。つまり、仲買いは、仕入れに関して他の仲買いと競り合う必要はないが、手にしたい水産物の種類もその量も選ぶことはできない。とくに、小型船舶が漁獲するキハダなどの仕入量や買取金額が増える三～五月と一〇月は、仲買いの売りさばく技のみせどころとなる。

（2）ウキジュの実践

漁師の売る魚、仲買いの買う魚

それでは、ウキジュという取引慣行がどのように行われているのか、仲買いの販売戦略を明らかにしながらみていきたい。水揚げされた水産物は、どのように漁師から仲買いへ渡り、売られていくのだろうか。

伊良部漁業協同組合の事務所の一階が、水揚げ場となっている。水揚げされた魚は、漁師と仲買

写真４－２　漁協職員の立ち会いのもと計量する（2004年）

写真４－３　スーニガマが接岸すると、より良い魚を仕入れようと小売人が集まってくる（2004年）

いの手によって種類や大きさごとに籠に詰められ、量りに載せられる（写真４―２）。船主と仲買い、漁協の販売係の立ち会いのもとで、その数値が記録される。販売係がキロあたりの買取金額を仲買いに尋ね、数量とその合計金額を記録する。その写しは仲買いに渡され、仲買いは支払金額とその記録用紙の控えを船主に渡す。詳細は後述するが、このとき、漁協に申告した買取金額と仲買いが漁師に手渡した支払金額は、同じではない場合が多い。

仲買いは魚を仕入れると、島内の小売人に売るもの、翌朝、宮古島の平良港で露天販売するもの、平良の取引関係にある刺身屋や商店に配達するものに仕分ける。水揚げをしている先から、漁師にほしい魚を直接要求してビニール袋に詰め込む小売人もいる（写真４―３）。その場合も、小売人はその袋を漁師が仕分けした籠に載せて計量したのちに、仲買いから買うことになる。また、四〇キロ以上のキハダは、那覇や県外の卸売市場へ出荷される場合がある。

仲買いNo.１の事例から

それでは、最も取り扱う水産物の種類が多かった仲買いNo.１を事例に、具体的にウキジュの実践についてみていきたい。表４―５は、二〇〇四年一一月一～二八日の参与観察期間中に、仕入れた水産物の種類とその数量を示している。仲買いNo.１は、三組のマドマーイと三組の小型船舶とウキジュ関係にあった（一六〇ページ表４―１参照）。また、扱う水産物の種類が最も多い仲買いである（表４―４）。表中の水産物の種類は、仲買いNo.１が漁師から買い取る際の分類に基づいている。

マドマーイと取引を行ったのは、調査期間中二六日間あった。仲買いNo.１は、漁獲量の多いブダ

数量（2004年11月1 ～ 28日）　（単位：kg）

8日	9日	10日	11日	15日	17日	20日	21日	22日	23日	24日	25日	26日	27日	28日
		1.5			130									
				4.5										
			12	3.5										
									5					
		17												
25		2.5		2			4.5		6.5					
		12	15	1			3.5		2.5					
									24					
				54		8					7			
				14										
						160	35				78			
						52						30		
47	45	29	8						28	15.5				
	4.5													
	8.5	7.5	5.5		1	2	1	44.5	1.5	32.3		3.5		
								19						
		1												
	174		79	160	69	84	56	512		108	107	154	145	
145	18	49			12	49	36	20	63	77	41	203	205	
190		17				80	4	138		220	15		55	
	16		21											
3			9			13		17	23	37	24		69	
			1.5			3	4						30	
								11			15			
			3					7					6	
						10	20						10	
							50						25	

表4－5　仲買いNo.1の仕入れた水産物と

仕入先	水産物	1日	2日	3日	4日	5日	6日	7日
マドマーイ	ブダイ科(大)				7			
	ブダイ科(中)	20	4		8.5		9	
	ブダイ科(小)	13			11			13
	ブダイ科(小小)	17				32		
	ハゲブダイ(メス)				6	4		
	ミヤコテングハギ		3.5				1.5	
	ハナアイゴ(大)				1.5		30.5	20
	ハナアイゴ(中)				8	28		6
	ハナアイゴ(小)						1.5	
	ヒメジ科		17			51		
	ハタ科			1				
	スジアラ			2				
	ムスジコショウダイ					2		
	シロダイ					7		
	サヨリ							
	サザナミハギ							
	ヤマトミズン							
	クサヤモロ							
	ワモンダコ			50	40			1.5
	コウイカ							
	アオリイカ	10.5	2	4				4
	イセエビ							
	ヒトヅラハリセンボン	4.5		1				
	雑魚		30				50	
小型船舶	キハダ(大)	493	378	257	121	166	200	175
	キハダ(中)		60	4	12	24	123	44
	キハダ(小)	10						
	メバチ		20		14			146
	ビンナガ							30
	シイラ	21	48		8		20	23
	カマスサワラ		5		7			
	カツオ							
	ムロアジ							
	カンパチ	11						
アギヤー組	タカサゴ科							
石垣島から取り寄せ	ビンナガ							

(注)石垣島から取り寄せるビンナガは、本数単位で購入する。
(資料)「伊良部漁業協同組合市場日報」(2004年11月1～26日)より作成。

イ科とハナアイゴを大きさによって分別し、異なる金額で買い取っている。ブダイ科の中でも、吻の赤いハゲブダイのメスは区別して計量する。伊良部島南区の集落では、ハゲブダイのメスを供物として用いる。仲買いによると、伊良部島南区から来る小売人の需要が多いため、区別して販売するという。

ほかにも、ブダイ科は大きさや種類によって漁師からの買取金額が異なる。たとえば、ナンヨウブダイのように体長約六〇センチほどの大きいものは一キロあたり六〇〇～七〇〇円、ハゲブダイのように体長約三〇センチほどの小さいものは四〇〇円で取引されている。

仲買いNo.1が調査期間中にマドマーイから仕入れた水産物は、二四種類あった。このうち、連日続けて漁獲したのは、ブダイ科(中・小)、ハゲブダイ(メス)、ハナアイゴ(大・中)、ヤマトミズン、ワモンダコ、アオリイカの八種類であった。

最も漁獲した日数が多かったのは、アオリイカの一四日間で、なかでも続けて漁獲したのは、最長で六日間だった。ただし、その漁獲量は一日一～四四・五キロとばらつきがある。初夏に孵化したアオリイカは成長するにつれ、水深の深いところへ移動する。したがって、一一月に群れを見つけることは、夏と比べて容易ではない。アオリイカの買取金額は、一キロあたり二〇〇〇円と最も高い。仲買いにとっても、小売り人に一キロあたり二五〇〇円で販売できるため、商品価値が高い。その漁獲量が少ない場合は、マドマーイは他の水産物を漁獲して水揚げ魚種や量を補う。

次に漁獲された日数が多かったのは、ハナアイゴであった。青臭い匂いがあるハナアイゴは佐良浜では好まれるが、背びれに毒があり、調理しにくい魚として平良では好まれない。佐良浜が中心的な販売先となるので、少なく仕入れても、多く仕入れても、「やっかいな」商品だといわれる。なかでも、肉が薄い小ぶりのハナアイゴには買い手がつきにくい。漁師は、仲買いのこうした販売状況を理解している。とくに、同じ種類の魚を連日漁獲した場合、水揚げする種類を増やそうと努力をする。

たとえば、大きいハナアイゴを三〇・五キロ漁獲した一一月六日を見てほしい。この日はハナアイゴ以外に、ミヤコテングハギや雑魚として安価で取引される体長の小さいブダイ科を漁獲した。その翌日にもハナアイゴを二〇キロ漁獲している。マドマーイはこの日、ハナアイゴだけではなく、ブダイ科を一三キロ、アオリイカを四キロ、体長の小さいワモンダコを一匹漁獲した。一〇キロ以上のハナアイゴの水揚げが四日続いた一一月八日には、ワモンダコを四七キロ漁獲している。

参与観察中、仲買いNo.1は、マドマーイからブダイ科やハナアイゴ、アオリイカ、ワモンダコを主に仕入れていた。だが、扱う水産物の組み合わせが連日重なることはほとんどない。仲買いは、ウキジュ関係を結ぶマドマーイの存在により、毎日さまざまなものを仕入れられる。

一方で、小型船舶から一〇種類を仕入れている。最も水揚げの多いキハダは、その重さから大・中・小に区別された。小さいキハダはシュビと呼ばれ、漁師から仲買いに一キロあたり一〇〇円で買い取られる。そのほか、シイラやカマスサワラ、メバチなどの沖合を泳ぐ魚を仕入れていた。

多様な商品を売りさばく

では、このようにさまざまな水産物を仕入れた仲買いは、どのように売りさばくのだろうか。仲

写真４－４　漁協１階で鮮魚を販売する(2004年)

写真４－５　平良港の露天販売(2004年)

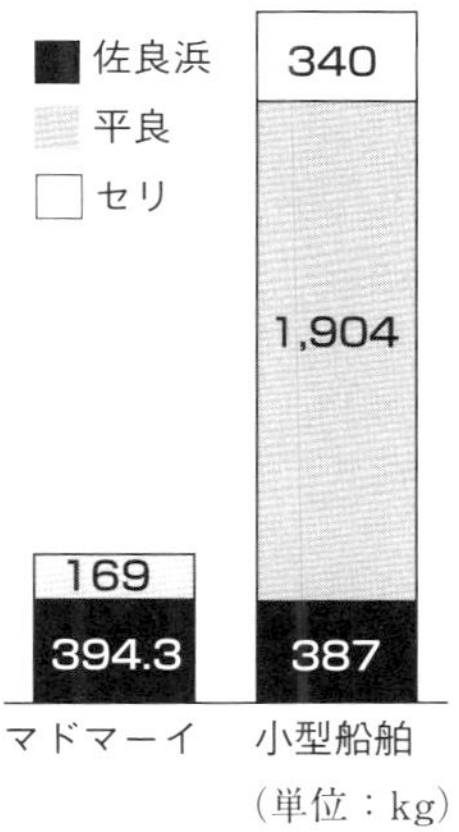

図4－5　仲買いNo.1の販売先と数量（2004年11月20～28日）

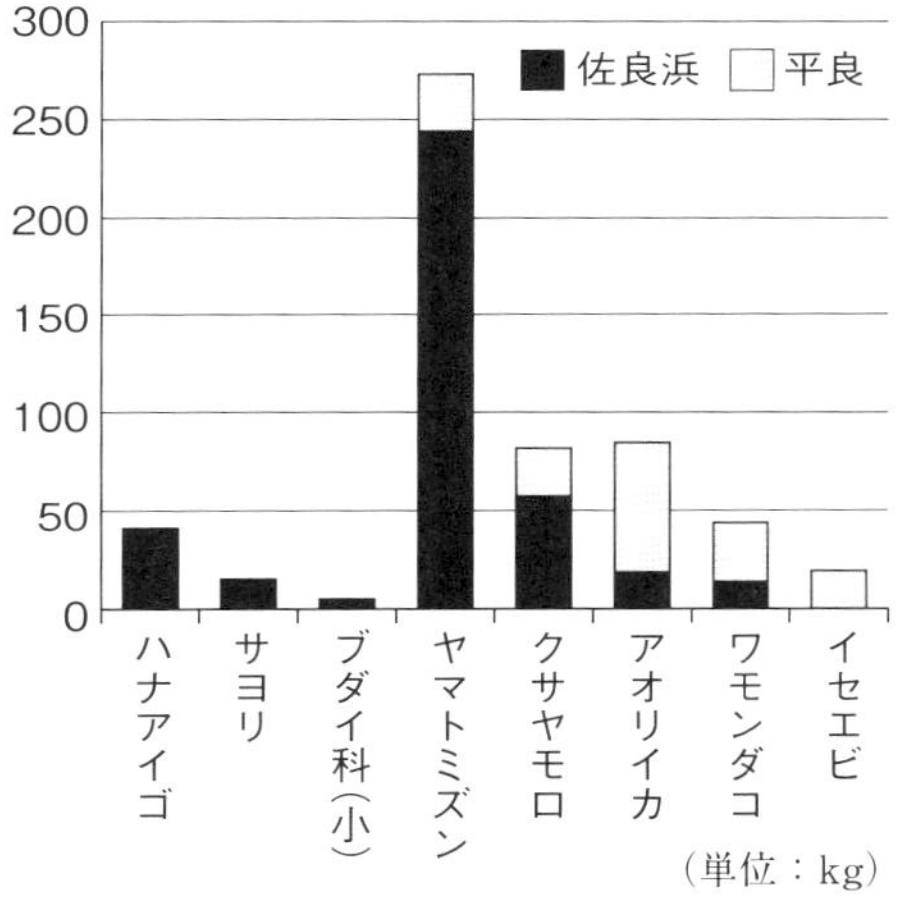

図4－6　マドマーイによる漁獲物の販売先（2004年11月20～28日）

買いは、水揚げと同時に佐良浜で小売人に販売し、さらに、翌日には平良港で露天販売をする（写真4－4、4－5）。重量のあるキハダは、まれに那覇や県外の卸売市場に出荷する。ここでは、佐良浜での水揚げと浜売りに加え、平良での露天販売も参与観察できた二〇〇四年一一月二〇～二八日を取り上げたい。

図4－5は、参与観察期間に仲買いNo.1がウキジュ相手であるマドマーイと小型船舶から仕入れた水産物の販売先とその数量を表している。この図からも明らかなように、マドマーイによる漁獲物の約七〇％は佐良浜で売られる一方、小型船舶による漁獲物の約七〇％は平良で売られる。また、卸売市場に出荷される水産物は、小型船舶による漁獲のみである。つまり、マドマーイと小型船舶による水産物は、それぞれ販売先が異なる。

図4－6は、参与観察期間中にマドマーイによって漁獲された水産物の販売先とその数量を示し

ている。これらは、半数以上を佐良浜で販売されたものと平良で販売されたものに、大別できる。さばくのに手間のかかるハナアイゴ、サヨリ、ブダイ科の小さいものは、佐良浜でのみ販売されている。サヨリはウロコが細かくてはがれやすいため、「美しく」売るには、水揚げされたその場がよいといわれている。また、佐良浜では、おみおつけの具としても好まれる。佐良浜で販売されたヤマトミズンの多くは、餌としてパヤオ漁を営む漁師に購入された。

一方、平良では、アオリイカやイセエビ、ワモンダコといった、鮮度が長く保たれ、高値で取引される水産物が販売されている。なかでもアオリイカは、仲買いから小売人にキロあたり二五〇〇円で販売され、最も販売価格が高い。さらに、仲買いNo.1によると、参与観察期間中は水揚げ量が少なかったので、佐良浜ですべて売れてしまい、平良では販売できなかったが、ブダイ科などの白身魚も平良では人気がある。刺身にも空揚げにも煮物にも向く魚として好まれる。このように消費者の嗜好や鮮度といった水産物に対する仲買いの価値づけによって、販売先が選択されている。

ところで、平良港はパヤオ漁の水揚げが多いため、マグロ類の流通量も多い。ところが、図4―5からもわかるように、仲買いNo.1は、小型船舶が漁獲するキハダ、カツオ、シイラの約七〇%を平良で売っている。佐良浜の仲買いは、流通量の多い平良でこれらの魚をどのように売りさばくことができるのだろうか。

仲買いの平良での販売相手は、三つに分かれる。

第一は、観光客や祝いの魚などを求める一見の客である。

第二は、平良だけではなく、狩俣、池間島、西原といった宮古島内の鮮魚店や料理屋、大手スーパーマーケット、ホテルのレストランなど、毎日魚を買いに来る小売人である。とくに、鮮魚店を営む小売人は、刺身として好まれる赤身と調理用の白身の二種類を仕入れることを選好する。彼らは仲買いとゆるい取引関係にあり、マグロ（キハダ）、カツオ、シイラといった外洋の魚を仕入れる場合は、毎回、特定の仲買いから購入する。とはいえ、毎日必ずしも買わなければいけないわけではない。また、取引関係にある仲買いが仕入れたい水産物や量をまかなえないときには、ほかの仲買いからも購入できる。

小売人には、セリ権をもつ者ともたない者がいる。平良港では、日曜日を除いて毎朝七時からセリが行われる。セリ権をもつ資本力があるスーパー、料理屋、ホテルなどの小売人は、セリ値によって、市場で仕入れるか、佐良浜の仲買いから仕入れるかを判断する。セリ値が高いときやセリのない日曜日には、佐良浜の仲買いからマグロを購入する。しかし、セリ権をもたない小規模な小売人は、いつも佐良浜の仲買いから購入している。

一方、小売人は、マドマーイによって漁獲されるリーフフィッシュについて、どの仲買いからも購入できる。つまり、佐良浜の仲買いが平良で露店販売する魚のうち、小型船舶が漁獲したマグロなどの外洋魚種は一見の客や特定の小売人へほぼ販売されるが、リーフフィッシュは不特定に販売されるのである。

販売戦略としての「ニー・ファヤ・ゥズ」の確保

マドマーイが漁獲するリーフフィッシュは、ニー・ファヤ・ゥズ（煮る・食べる・魚）と呼ばれ、消費者からは煮物や揚げ物用に好まれる。小売人は、仲買いが商品の入ったコンテナを開ける前から、「ニー・ファヤ・ゥズ、ミーン（あるか？）」と尋ね、その日の品ぞろえを吟味する。ある鮮魚店の女性によると、赤身のマグロと白身魚を一種類仕入れるだけでも店を開くことができるという。

ニー・ファヤ・ゥズは、佐良浜の仲買いにとっても重要な意味をもつ。これらは、調理用の魚として需要があるため、佐良浜から持ってくればすべて当日に売れるほどの人気商品である。このため仲買いは、マグロの売れ行きが悪いときには、ニー・ファヤ・ゥズを購入したいという相手に対して、マグロを買わなければ売らないと交渉することがある。そこで、小売人はシュビと呼ばれる小さいキハダや大きいマグロの半身を買うなど、妥協案を提示する。つまり、マドマーイが漁獲するリーフフィッシュは、仲買いにとってマグロを売るための交渉の道具であり、その確保は販売戦略のひとつとなるのである。

仲買いの平良での第三の販売相手は、港には魚を買いに来ないが、ほぼ毎日魚を届ける市場、刺身屋、小さい商店である。仲買いは港での露天販売を午前九時ごろに終えると、前日に聞いていた注文の魚を車で配達する。仲買いによると、取引関係にあるため、注文品が手元にない場合も、他の魚を買い取ってくれるなど交渉しやすいという。たとえば、ある日、小さいキハダが三尾ほしいという注文に対して、大きいキハダの半身を届けた。この日は、本来なら四五〇〇円だったところを、五〇〇円値引いて売った。

このように、固定した取引相手をもつことは、安定した販売先を確保できるだけでなく、売れ残った魚をさばくための販売戦略のひとつとなる。とくに、平良の露天販売に持っていったが、売れ

表4－6　仲買い No.1 がマドマーイから仕入れた水産物の種類・量と佐良浜での販売量（2004年11月20、21、26日）

（単位：kg）

水産物	20日		21日		26日	
	仕入量	販売量	仕入量	販売量	仕入量	販売量
サヨリ	8	8				
ヤマトミズン	160	150	35	35		
クサヤモロ	52	22			30	25
アオリイカ	2	2	1	1	3.5	3.5
ハナアイゴ（大）			4.5	4.5		
ハナアイゴ（中）			3.5	3.5		

（資料）参与観察と仲買いへのインタビューにより作成。

残ってしまった魚のさばき先を確保することは、漁師とのウキジュ関係から毎日魚を購入しなければならない仲買いにとって重要である。たとえば、ある仲買いは、二日目になっても売れ残った小さいキハダを、南蛮漬けの工場やてんぷらを売る商店に仕入れ値と同額で卸している。

ところで、漁師の漁獲が不確実であるのと同様に、ウキジュ関係によって魚を仕入れられる仲買いにとっても、毎日、商品が手元にあるかどうかは不確実である。とりわけ、仲買いにとって、マグロを売るための手段として、ニー・ファヤ・ゥズの仕入れは重要であり、関心が高い。

漁の不確実性を乗り越える

ここで、もう一度、表4－5（一七二・一七三ページ）を見てほしい。この表によると、仲買いNo.1は、一一月二〇、二一、二六日にアギヤー組からタカサゴ（グルクン）を購入している。なぜ、マドマーイが獲ってくる魚だけではなく、わざわざアギヤー組からリーフフィッシュを購入しているのだろうか。

表4－6は、一一月二〇、二一、二六日の仲買いNo.1による佐

写真４－６　アギヤー組によって水揚げされたタカサゴ(グルクン)は、大きさによって分けられ、那覇などの卸売市場やスーパーへ出荷される

良浜での水産物別の仕入量と販売量を示している。二一日は、ウキジュ関係のあるマドマーイから仕入れたリーフフィッシュ(ヤマトミズンなど)のすべてを、二〇日と二六日はそのほとんどを、佐良浜で売った。このため、翌日、平良で売るニー・ファヤ・ゥズとなる魚が手元に残らなかった。そこで、平良で販売する調理用の魚としてタカサゴを、ウキジュ関係以外から購入したのである。

タカサゴは、アギヤーと呼ばれる大型追い込み漁によって漁獲され、大半が那覇などの卸売市場や大手スーパーに出荷される(写真４－６)。アギヤー組には伊良部島内に特定の取引関係にある仲買いはおらず、誰もが直接購入できる。どの仲買いも自由に購入できるアギヤー組の存在は、仲買いにとって、マドマーイの不漁による商品の品薄を避けるための選択肢のひとつである。

一方、小型船舶の不漁という不確実性に対して、仲買いはビンナガ（通称トンボマグロ）を石垣島の水産会社から取り寄せている。ビンナガは遠洋で延縄漁によって漁獲され、急速冷凍されて、八重山漁協に水揚げされる。身は薄い赤身で、一週間経っても色も味も変わらないといわれる。鮮度や味は島に水揚げされるキハダに劣るが、鮮度が長く保たれることから、仲買いに商品価値を評価されている。一本約四〇キロで、本数単位で購入される。

表４―５によると、調査期間中、仲買いNo.１は、一一月二一日に五〇本、二七日に二五本を仕入れている。悪天候が続きそうな天気予報を見て、小型船舶の出漁日数が少なくなるだろうと予測したという。実際、二七日と二八日は天気が悪く、出漁する船はなかったため、ウキジュ関係のある漁師の水揚げはなかった。そこで、仲買No.１は売れ残っていたキハダとビンナガを販売した。

ただし、こうした読みは、はずれる場合がある。たとえば、天気が悪いので不漁だろうと見込んでビンナガを購入した一一月二一日は、最近ではなかったほどにキハダが大漁であった。すでにビンナガが手元に五〇本あったが、ウキジュ関係のある漁師の漁獲をすべて購入しなければならない。水揚げのあった二一日の夕方から、仲買いNo.１はウキジュの漁師が獲ってきたキハダをコンテナに詰めて平良へ運び、自らも泊まって翌朝六時から露天販売を始めた。当時、佐良浜からの始発のフェリーは朝七時二〇分ごろに平良に着いたため、ほかの仲買いよりも先に店を開いて、手元にあるキハダを売ろうとしたのだ。

また、四〇キロ以上のキハダが水揚げされた場合は、那覇や県外の卸売市場に出荷する。調査期

表4－7　仲買い No.1 が出荷したキハダの仕入値とセリ値（2004年11月25～27日）

日	重量 (kg)	仕入値 (円 /kg)	セリ値 (円 /kg)	儲け（円）
11 月 25 日	56	800	1,600	25,200
	61	800	1,400	15,250
	51	800	1,000	－7,650
11 月 26 日	40	600	1,000	2,000
	42	600	1,000	2,100
11 月 27 日	47	600	1,000	2,350
	43	600	1,000	2,150

（資料）参与観察と仲買いへのインタビューにより作成。

間中、仲買い№1は、一一月二五～二七日に京都市中央卸売市場に出荷した。表4－7は、その仕入値とセリ値である。

たとえば、一一月二五日に出荷した五六キロのキハダの仕入れ値はキロあたり八〇〇円で、セリ値はキロあたり一六〇〇円であった。箱や氷、運送代など出荷にかかる経費は、キロあたり三五〇円である。つまり、仕入れ値八〇〇円のキハダは、セリ値一一五〇円以上でなければ赤字となる。表4－7によれば、このキハダからは二万五二〇〇円の儲けがあったことがわかる。一方、二五日に出荷した五一キロのキハダは七六五〇円の赤字であった。身が焼けていたので、安値がついたのだという。

このように、島外の卸売市場への出荷は、仲買いにとって大きな利益を生む場合もあるが、ときに損失も大きい。しかし、セリへの出荷は儲けが不確実である一方で、メリットもあるという。それは、佐良浜漁協での水産物の計量は総重量から内臓や頭の重さとして一キロ引かれるが、市場では総重量がそのままかけられるからだ。つまり、佐良浜では一キロ少なく仕入れたことになり、卸売市場のセリ値によってはその一キロ分を儲けられるわけである。

以上みてきたように、漁師と仲買いのウキジュ関係は、不漁という商品の仕入れの不確実性が了解された取引慣行であるといえるだろう。だからこそ、仲買いはこれらの不確実性というリスクを回避するため、島外の流通システムを利用しながら、その対処策をたゆみなく編みだしている。

3　漁師と仲買いの紐帯

根づかなかったセリ

一九七八年ごろ、沖縄県漁業協同組合連合会の指導を受けて、佐良浜でも伊良部漁業協同組合によるセリが試されたことがあった。朝七時と夕方四時の一日二回開かれたという。ところが、競りにならず、結局二〜三日後には、ウキジュによる元の販売形態に落ち着いた。その数年後には、高級魚であるスジアラやアオノメハタなどのハタ科だけを対象に、再びセリが試された。だが、それも長くは続かなかったという。その理由を漁師に尋ねると、次のような答えが返ってきた。

①潮汐の変化を利用した漁法では、毎日同じ時刻に帰港することは難しい。
②セリのない日曜日には、好天でも漁を休まなければならない。
③漁撈形態ごとに帰港する時間が異なるため、一斉にセリを行うのは難しい。
④漁師がその日のセリ値を見てから出港するようになり、活動時間が短くなった。
⑤買い手がつかない魚もあった。

つまり、海という自然のリズムに合わせた生業形態を時計の刻むスケジュールにあてはめることができなかったのである。また、セリでは仲買いはほしい魚しか買わないため、買い手のつかないザツギョ（雑魚）と呼ばれる体長の小さなリーフフィッシュが残ってしまった。これらの多くは、安値でかまぼこ工場に引き取られたという。

さらに、仲買いにもセリが失敗した理由を尋ねた。以下がその回答である。

①仲買いに資本力がなく、入札権を買うことのできる人が限られていた。
②仲買い仲間との譲り合いから、競売りにならず、漁協が指定した最低価格にとどまった。
③水揚げ後すぐに販売できないので、鮮度が落ちる。
④漁師がセリ値を見て漁獲対象魚種を決めるため、市場価値の高い特定種に水揚げが集中した。その結果、ハナアイゴ、コバンヒメジ、サザナミハギのように、安価で、おかず用として好まれる魚種が手に入りづらくなったという。

漁師と仲買いは、佐良浜でセリが根づかなかった理由を、このように説明する。しかし、セリが機能せず、結果的にウキジュによる販売形態が漁師と仲買いによって選択された要因は、佐良浜の漁撈活動の特性や仲買いの資本力からしか説明できないのだろうか。そこで、ウキジュという漁師と仲買いの関係性について、次の三つの点から探っていきたい。

まず、ウキジュ関係の成立と解消の交渉の場における力関係についてである。ウキジュ関係は、どのように結ばれるのだろうか。

ウキジュ関係の成立と解消

〈事例１　ウキジュ関係の成立：仲買いNo.7から仲買いNo.1へ移籍した小型船〉

調査当時、仲買いNo.1とウキジュ関係を結んでいる小型船「海光丸」は、四年前の夏まで仲買いNo.7とウキジュ関係を結んでいた。この年は、マグロの当たり年であった。島内や平良での露天販売だけでは、水揚げされた量をさばききれない。仲買いNo.7は高齢となったため、魚を保冷するコンテナの数を増やしたり、那覇や内地の卸売市場に出荷する手間を煩わしく思うようになった。そして、ウキジュ関係を結ぶ小型船を二隻に減らすことにした。このうち一隻は長い間ウキジュ関係にあり、もう一隻はその息子である。ウキジュ関係を解消された小型船の船主は、小型船とのウキジュ関係が少なかった仲買いNo.1に電話で相談し、新たにウキジュ関係を結ぶことになった。

ウキジュ関係を新たに結ぶ場合、仲買いから漁師に話を持ちかけることはできないといわれている。なぜなら、すでに特定の取引関係を結んでいる他の仲買いのウキジュを横取りすることになるからである。一方で、ウキジュ関係の解消は、どのように発生するのだろうか。

〈事例２　ウキジュ関係の解消：仲買いから漁師への言い渡し〉

以前、仲買いNo.1は、あるマドマーイの漁撈集団とウキジュ関係を結んでいた。しかし、ある日、この漁師は、皮をはいだハタ科の魚をその他の水揚げされた魚種に混ぜて仲買いに渡した。

だが、この魚はハタ科のなかでもナガジューミーバイ（バラハタ）と呼ばれ、シガテラ毒[1]があるため、商品として取引されていない。ナガジューミーバイは表面の斑によって見分けられるため、模様がわからないように皮をはいであったのだ。ナガジューミーバイが水揚げに紛れていることに仲買いNo.1は気がつき、この漁撈集団とのウキジュ関係を解消した。

ウキジュ関係において、仲買いは水揚げのすべてを買い取らなければならないため、手の内を「すべて」みせるという信頼関係の上に成り立っている。それは、漁師が仲買いを信頼するという点においても同じである。

〈事例3　ウキジュ関係の解消：漁師から仲買いへの言い渡し〉

ウキジュ関係のあるマドマーイが獲ってきた魚に対して、仲買いが「小さい」と船主に文句を言った。そして、小さい魚は売れにくく、前日の魚が残っているとこぼした。漁師は、買い取った魚をさばききれない仲買いは「あぶない（よくない）」と評価し、この仲買いにウキジュ関係の解消を言い渡した。

冬季は北寄りの風が強く、波も高いので、網漁ができる日は少ない。そのため、波の影響を受けにくい礁池の塊状サンゴに生息するテングハギなど、同じ種類の魚の漁獲が続くときがある。また、アイゴ科やブダイ科の魚類は冬季には体長が小さく、脂ののりも悪いといわれている。ウキジュ関係において、このような天候や季節変動による不安定さや危険のある漁の成果に対して、仲買いが不平を言うことは許されない。また、こうした不安定さを乗り超える仲買いこそが、「よい」仲買いとして評価される。

漁師は厳しく仲買いの売りさばき方を観察し、それによって、ウキジュ関係の継続と解消の力を発揮する。つまり、ウキジュ関係の成立においては漁師が主導権をもつが、解消については漁師も仲買いも対等の力関係にある。

漁師と仲買いの無言の交渉

次に、漁師と仲買いの無言の交渉である。ウキジュという取引慣行は、すでにみてきたように、いくつかのルールの上に成り立っている。魚の売り手である漁師は、獲ってきたものすべてを、ウキジュを結んでいる仲買いに買い取ってもらうことができる。ただし、その仕入れ値に対してクレームをつけられない。一方、仲買いは、ウキジュを結んでいる漁師の獲ってきたものすべてを買い取らなければならない。このため、水揚げがあるかぎり、「商品」を確保できる。ただし、魚の買い手である仲買いは、獲ってきてほしい魚やいらない魚を「注文」することはできない。

だからこそ、漁師は仲買いの暗黙の「注文」を読み、不満が蓄積されないように努力しなければならない。そして、この直接的には要求されない「商品」は、漁師がその日の漁のターゲットや行動を決める際の重要な条件のひとつとなる。一方、仲買いは、漁師の不満が蓄積しないように買取金額に配慮しなければならない。このように、漁師と仲買いは、ウキジュ相手から期待される行為を相互に推しはかり、それに応じようと努力する。

「生活保障」としてのウキジュ関係

最後に、ウキジュ関係の特徴として、漁師は生活保障を仲買いに期待することができる。

〈事例4 生活保障：前借り〉

二〇〇四年一一月のある日、ひとりの漁師がウキジュ関係にある仲買いの妻に前借りを頼んだ。高校三年生の娘が大学の推薦入試を受けるため九州に行くことになったが、資金的余裕がないので、仲買いに事情を説明した。この漁師は、漁に出れば必ずタコや八タ科など商品価値の高いものを獲ってくる。仲買いの妻は夫と相談し、五万円を前貸しすることにした。

五万円分の前借りは、この漁師の約五日分の稼ぎである。漁師は、漁師が獲ってくる魚がなければ「商品」のない仲買いに対して、最低限度の生活保障を期待することができる。仲買いは、漁師に前借りという「負債」を負わすことで、次の水揚げと関係の継続を期待する。たとえば、漁と兼業してモズク養殖を始めることにした別の漁師は、準備資金の一部をウキジュ関係にある仲買いから前借りした。モズクの出荷は漁協を通すため、仲買いの手にモズクは渡らない。しかし、仲買いは前貸しをすることで、この漁師がモズク養殖一本に転向するのをとどめ、仕入れの継続を期待した。前借りという手段は、漁師に最低限度の生活を、仲買いに関係の維持を保障する。

4　ツムカギと社会関係の維持

ウキジュ関係を支えるものは何か？

前節でみてきたように、ウキジュ関係において、漁師にも仲買いにも関係を解消する権利があるといわれている。ところが、実際の継続年数について具体的にみると、それほど頻繁に関係の解消はされていない。三八組あるウキジュ関係のなかで、二〇年以上続いている組も少なくない。最も短い組でも四年間継続していた。そして、ウキジュ関係を解消し、漁協を通した委託販売に移行した漁師は、二〇〇二年と二〇〇三年に一人ずつしかいない。漁師も仲買いも関係の解消の権利を主張するにもかかわらず、なぜ、ウキジュ関係は長期間継続されるのだろうか。何がウキジュという取引慣行を支えているのだろうか。

佐良浜の人びとは、それを「ツム・カギ（心・美しい）」と説明する。ツムカギとは、佐良浜の民俗語彙で、優しさや思いやりといった気質を指す場合もあれば、商売上のおまけを意味する場合もある。佐良浜の人びとは、ウキジュとセリ制について、「セリは当たり前の利潤しかないが、ウキジュは心（ツム）で調節する」という。

表4−8は、調査期間中に、仲買いNo.1がウキジュ関係にあるマドマーイのある一組の漁撈集団から買い取った金額と支払った金額を示している。買取金額とは、漁協立ち会いのもとで計量した水揚高に対する金額である。実際に仲買いから漁師へ手渡される金額は、この買取金額に端数が上

表4－8　仲買いNo.1の買取金額と支払金額（2004年10月28日～11月22日）

（単位：円）

月　日	買取金額	支払金額	ツムカギ
10月28日	90,400	91,000	600
29日	50,200	51,000	800
30日	73,350	74,000	650
31日	36,400	37,000	600
11月1日	44,050	45,000	950
2日	21,300	22,000	700
3日	59,750	60,000	250
4日	48,550	49,000	450
5日	53,900	54,000	100
6日	32,450	33,000	550
7日	30,150	31,000	850
8日	42,200	43,000	800
9日	38,300	39,000	700
10日	49,800	50,000	200
11日	48,850	49,000	150
15日	27,700	28,000	300
17日	47,650	48,000	350
20日	41,000	41,000	0
21日	60,100	61,000	900
22日	17,400	18,000	600
合　計	913,500	924,000	10,500

（資料）参与観察と仲買いへのインタビューにより作成。

乗せされる。この上乗せがツムカギである。仲買いは、ツムカギに漁師への今日のねぎらいと明日への励ましの気持ちをこめて渡すという。ある仲買いは、端数に上乗せして支払う理由を「小銭だと中途半端で、明日の漁に影響しそう」と述べた。

漁師によると、ツムカギとは「いい」仲買いの評価のひとつであるという。だが、ツムカギは、必ずしも貨幣で支払われるわけではない。旧正月やミャークヅツと呼ばれる最も重要な村落儀礼の際には、船主の家に泡盛を持参して大漁を祈願する。そして、集まった漁師たちと杯を交わす。あるいは、タオルやTシャツなどをウキジュ関係のある漁師全員に配る。なかには、漁師の孫にお年玉を用意する仲買いもいる。

ウキジュという取引慣行でやり取りされるツムカギとは、貨幣的な価値があるだけではなく、思いやりのある人物という評判を可視化する。

仲買いから小売人へツムカギが渡される場合もあった。たとえば、仲買いは計量した数値より、ニー・ファヤ・ゥズに対して一・二キロを、マグロなど小型船舶が獲ってきたものに対しては約三キロを割り引いて小売人に販売したり、金額の端数を切り捨てることがあった。

ツムカギは売り手と買い手との間で、その量というよりも、むしろ、相手を思いやる行為の象徴として注目されている。つまり、ウキジュという取引慣行は、このような漁師と仲買いの繊細な社会関係を基盤に成り立っているのである。そして、両者の間を流れる魚の価値と貨幣は、人と人を紡いでいる。

社会関係への投資としてのツムカギ

次に、ツムカギについて具体的な貨幣のやり取りから分析していきたい。表４―９と表４―10は、漁協の販売係によって計量された水揚高に対する仲買いNo.１の二〇〇四年一一月二一～二八日の買取金額と参与観察による売上金額を示している。二七日と二八日は悪天候で水揚げがなかったため、ウキジュ相手からの仕入れはない。二一日と二六日には石垣島からビンナガを仕入れた。

表４―９によると、この八日間に、佐良浜のウキジュ相手から一四六万三五九〇円分の水産物を仕入れている。そして、佐良浜と平良での販売、キハダのセリ代を合わせて、合計一七一万五五五〇円の売り上げがあった。粗利益は二五万一九六〇円である。

また、一一月二一日に六〇万円で仕入れたビンナガは、四日間で売り切った。その売り上げは六九万円で、粗利益は九万円である（表４―10）。ビンナガは、仲買いから島で漁獲されるキハダと比

（2004年11月21日～28日）　　（単位：円）

25日	26日	27日	28日	合計
188,650	214,300	0	0	1,463,590
0	300,000	0	0	900,000
188,650	514,300	0	0	2,363,590

（2004年11月21日～28日）　　（単位：円）

23日	24日	25日	26日	27日	28日	合　計
46,800	68,275	20,300	58,500	0	0	233,975
267,025	224,550	235,575	127,100	242,300	35,600	1,440,175
180,000	60,000	0	90,000	30,000	105,000	915,000
0	0	32,800	4,100	4,500	0	41,400
493,825	352,825	288,675	279,700	276,800	140,600	2,630,550

べて鮮度の保ちが良く、「ゆっくり売ることができる」と評価されている。二七日や二八日のように、佐良浜のウキジュ相手からの仕入れがない日や少ない日には、このように島外から取り寄せたビンナガを売ることで、売り上げを得る。

一方、一一月二五～二七日には、島外のセリにキハダを出荷している。その売り上げは四万一四〇〇円であった。売り上げ合計の二六三万五五〇円に対して、これら島外の流通システムを利用した取引による売り上げはきわめて少ない。島外の中央卸市場のセリ値は、天候や水揚げの状況によって、佐良浜での仕入れ価格の約二倍近い値がつけられることがある。表４－７でもみたように、大きな儲けを得られる場合もあるが、売り上げよりも経費がかかることもある。島外市場への出荷は、儲けが不確実である。仲買いは、いいキハダが手に入ると、県内外の卸売市場の販売課に価格の動向を問い合わせて、出荷するかどうかを見定める。

ビンナガを取り寄せたり、キハダを島外の卸売市場へ出

表4－9　仲買いNo.1の仕入先と買取金額

仕入先	21日	22日	23日	24日
佐良浜	464,490	180,700	165,400	250,050
ビンナガ(石垣島からの取り寄せ)	600,000	0	0	0
小計	1,064,490	180,700	165,400	250,050

(資料)参与観察と仲買いへのインタビューにより作成。

表4－10　仲買いNo.1の販売先と売上金額

販売先	販売物	21日	22日
佐良浜	魚類やタコなど(ウキジュからの買い取り)	40,100	0
平良	魚類やイカ、タコなど(ウキジュからの買い取り)	91,300	216,725
	ビンナガ(石垣島からの取り寄せ)	270,000	180,000
セリへの出荷	マグロ類	0	0
小計		401,400	396,725

(資料)参与観察と仲買いへのインタビューにより作成。

表4－11　仲買いNo.1が漁師と小売人と取引した回数(2004年11月21日～28日)

取引相手	21日	22日	23日	24日	25日	26日	27日	28日	合計
ウキジュ関係のある漁師	3	4	5	5	2	3	0	0	22
小売人	11	13	18	12	14	11	7	8	94

(資料)参与観察と仲買いへのインタビューにより作成。

荷することで、仲買いは商品の安定した仕入れや売り上げを確保しようしていると指摘できるだろう。仲買いは島外の流通システムを飼い慣らしながら、魚売りの戦略をたてている。

では、ツムカギは、実際の取引のなかでどのくらい支払われているのだろうか。ここでは、直接観察できた、仲買いNo.1があるマドマーイの漁撈集団に渡したツムカギから平均値をとり、仲買いNo.1がこの期間にウキジュ関係にあるすべての漁撈集団に支払ったツムカギの総額を推計した。表4－8より、このマドマーイに支払ったツムカギの平均値は約五二五円であったことがわかる。この調査期間中、仲買いNo.1がウキジュ関係にある漁撈集団と行った取引の総数は二二回あった(表4－11)。そこで、この期間に支払われたツムカギの総額は約一万一五五〇円であったと考えられる。

一方、この期間に、仲買いNo.1は小売人と九四回の取引を行った(表4-11)。そして、仲買いから小売人へ渡されたツムカギの平均値は約六四〇円であった。この平均値に基づいて、この期間に支払われた小売人へのツムカギの総額は約六万一六〇円であったと推計できる。

つまり、仲買いNo.1から、漁師と小売人へ合計約七万一七一〇円がツムカギとして支払われたことになる。ツムカギへの出資がなければ、仲買いNo.1はさらに七万一七一〇円の売り上げがあったはずだった。しかし、仲買いNo.1は、むしろ、ツムカギをとおして、ウキジュ関係を継続するために漁師へ「思いやり」を振る舞い、買い手である小売人からの「ごひいき」という見返りに期待するのであった。つまり、魚をめぐる取引の不確実な状況に対する対処方法として、仲買いが選択する行動原理とは、売り上げや安定した仕入れの確実性と、ツムカギに収斂される商品を供給する相手と買い手との社会関係への投資にある、といえるのではないだろうか。

ツムカギを振る舞う

ツムカギとは、佐良浜の民俗語彙で「心・美しい」を意味する。では、魚をめぐる取引関係において、「美しい」とはどのような振る舞いを指すのだろうか。そもそも、ツムカギとは、優しさや思いやりといった気質と商売上のおまけという二つの意味があった。この節では、ツムカギを期待される場面とそれが立ち現れる場面に注目していきたい。仲買いが漁師や同業者との関係においてどのようにツムカギを振る舞うのか、具体的な事例からみていこう。

〈事例5　間違えられたサヨリの値段〉

仲買い№1の妻は、素潜り漁師の水揚げに立ち会い、サヨリをキロあたり七五〇円で買い取った。ところが、その後、キロあたり八〇〇円で買い取ったと勘違いした仲買い№1は、浜辺での小売りの際、キロあたり九〇〇円で売った。夫に対して、妻は「あぶないどー、自分ばっかし儲けられないしょ」といった。

佐良浜では、魚は漁師と仲買いの固定された取引関係のなかで売買されるため、どの仲買いがどの魚をいくらで買い、小売りにいくらで売ったかという情報は、その日のうちに漁師たちの耳に入る。ふだん、仲買いの漁師からの買値と小売りへの売値の差額は、キロあたり五〇～一〇〇円である。このため、買値がキロあたり八〇〇円だと思った仲買い№1は、一〇〇円を上乗せして小売りに販売した。ところが、実際は七五〇円で仕入れている。そこで、仲買い№1の妻は、キロあたり一五〇円も上乗せして売ったことをウキジュ関係にある漁師が知り、反感を抱くのではないかと心配したのだ。

こうした「自分ばかり、儲けられない」という発話を、よく耳にした。次の事例は、ウキジュという取引慣行において、仲買い仲間との関係性をより重視している姿を浮かび上がらせるだろう。

〈事例6　儲けのないマグロ販売〉

天候不順のある日、仲買い№5のウキジュである漁師はマグロを獲ってこなかった。このため、仲買いNo.5は仲買いNo.2から、シュビと呼ばれる体長約三〇センチの小さなマグロを合計三一キロ購入した。仲買いNo.2は、漁師からの買値キロあたり一〇五円のマグロを、一〇〇円でこの仲買いNo.5に売った(二〇〇四年一月四日)。

仲買いNo.2は、漁師からの買取金額がキロあたり一〇五円(販売手数料込み)のマグロに対して、一〇〇円で仲買いNo.5に売った。この仲買いとの取引で儲けはないうえに、合計一五五円を損していることになる。ところが、仲買いNo.2によると、マグロ漁師とウキジュ関係にあるため、翌日になれば新鮮なマグロが仕入れられる。たとえキロあたり五円分を損したとしても、売り渋り、魚が残るよりも好ましいという。

小売りは、マグロなどの赤身と煮物や空揚げに向いている白身の二種類の魚を購入しようと、浜にやってくる。仲買いにとって、赤身の魚が手元にないことは、小売りを引きつける最低限度の商品がそろっていないことを意味する。今回、仲買いNo.5にマグロを安く譲った仲買いNo.2も、いつかは立場が逆転するかもしれない。こうした危機的状況を乗り越えるために、仲買いは互いに協働関係にあるといえるだろう。同業者を相手にする場合、儲けを優先するのではなく、ツムカギとして期待される思いやりを振る舞い、関係の構築に努めたといえるだろう。こうした同業者間の別の事例も、みてみたい。

〈事例７　小売りを譲った仲買いNo.１〉

秋口のある日、台風のため、仲買いNo.１とウキジュ関係にある小型船は出港しなかったので、仲買いNo.１は、キハダやカツオ、シイラといった外洋の魚を手にできなかった。そこで、八重山漁協から取り寄せている冷凍ビンナガを売ることにした。そこに、ある佐良浜の小売人から電話があった。仲買いNo.１がキハダはないと伝えると、残っているビンナガでもいいと答えた。しかし、仲買いNo.１は、ほかの仲買いNo.４やNo.５のウキジュである小型船は出漁しているため、彼らからキハダを購入するように勧めた。

仲買いと小売りは、ゆるい取引関係にある。小売りは、キハダやカツオ、シイラといった外洋の魚を仕入れる場合は、特定の仲買いから購入する。いつも仲買いNo.１から購入している小売りは、この日も同様にしようとした。ところが、仕入れたかったキハダが、あいにく仲買いNo.１の手元になかった。ビンナガは、遠洋で漁獲された後に急速冷凍されているため、鮮度がよいとはいえない。また、肉感もパサパサしているといわれ、佐良浜では水揚げされたばかりで新鮮なキハダがより好まれる。

この小売人は、仲買いNo.１の手元にキハダがなく、仲買いにとって商品として売りにくいビンナガが残っていることを知った。お祝いのある客からマグロの注文があった小売人は、赤身のマグロを仕入れたかったにもかかわらず、味の劣るビンナガを仲買いNo.１から購入しようとしたのだ。それは、今後の関係を維持しようとしたからである。

ところが、仲買いNo.1がほかの仲買いからの購入を勧めたことで状況が変わった。ビンナガでもよいという小売人と、ほかの仲買いからの購入を勧める仲買いNo.1とのやり取りの末、この小売人はほかの仲買いからキハダを仕入れた。この電話は、あらかじめ答えが決まっていたかの印象さえ受けるほど、あっさりと決着がついた。

仲買いNo.1は、なぜ、売りにくいビンナガを売る絶好の機会を譲ったのか。その理由を聞くと、「自分ばっかり儲けてはいけないしょ」と言う。関係の一時的な解約を宣言することで、小売人はほかの仲買いから堂々と魚を仕入れられるし、ほかの仲買いも仲買いNo.1のウキジュを横取りしたという後ろめたさに悩まず、売ることができる。ウキジュという取引慣行は、こうした他者を意識した振る舞いに支えられているともいえるだろう。

5　ウキジュと「情」の経済

佐良浜の漁撈活動は、漁撈集団ごとに選択する漁法が異なる。特定の魚種に漁獲対象が特化されず、多様な魚種を漁獲しているという特徴がある。また、素潜りの漁師とスキューバを利用する漁師は、漁法や潜水深度の違いから、対象魚種が重ならない。これは、漁師との個人的な取引関係から魚を仕入れる仲買いにとって、自分しか扱わない水産物の仕入れを可能とする。

つまり、仲買いが複数の漁師とウキジュ関係を結ぶのは、仕入量の安定だけではなく、扱う種類を増やしたり、他の仲買いとの「商品」の違いを生むためだと考えられる。言い換えれば、ウキジュの組み合わせとは、仲買いにとって、ほかの仲買いとの差異を生むための販売戦略となる。漁師は、この仲買いの期待に応えるために、とくに、ニー・ファヤ・ゥズといわれるリーフフィッシュの漁獲、なかでも、ほかの漁撈集団とは異なる魚種の漁獲を選好して努力をする。

一方、仲買いは、不漁という漁獲の不安定さ・不確実性を了解しなければならない。そこで、「商品の品薄」というリスクへのさまざまな対処方法をめぐらし、ビンナガを石垣島から取り寄せたり、島外の卸売市場にキハダを出荷している。小型船舶が獲ってくるキハダなどの魚種は、仲買いによって、島外のマーケットに投下する資本としての価値が与えられる。そして、必ずしも利益があるわけではないというリスクを請け負いながらも、仲買いは卸売市場へ出荷する。ジェット機の就航による交通や急速冷凍などのテクノロジーの発展といった流通システムを取り囲む状況を馴化させながら、安定した仕入れが確実であるウキジュという取引慣行を運用している。

しかし、ここで取り上げたいことは、ウキジュという取引慣行において、仲買いと漁師の関係性が必ずしも経済的な価値にのみ還元されないということである。ウキジュ関係を継続させるために、漁師と仲買いの間で重要とされているのは、注文やクレームを言わない無言の交渉というルール、そして手の内をすべて見せるという信頼、漁師の仲買いからの前借りによる生活保障の期待といった関係のあり方にある。つまり、ウキジュ関係に働く仲買いの行動原理とは、貨幣による最大利益の追求というよりも、むしろ、安定した仕入れとツムカギに収斂されるような、「商品」を供給する漁師と買い手である仲買いとのつながりの維持への努力にある。

一方、ウキジュ関係におけるリスクとは、漁師の不漁による「商品の品薄」という不確実性だけではなく、暗黙の契約関係といった個と個とのつながりの繊細さにあるのではないだろうか。この場合におけるリスクとは、自然的状況だけではなく、社会経済的な諸条件との相互作用によって認知されるのである。

最近の農村研究において、人びとの行動原理が、市場経済下にあっても必ずしも最大利益の追求にはなく、自己充足を満たす生存維持的な活動の選択にあることが、いくつかの民族誌によって指摘されている(Scotto 1977、杉村 二〇〇四)。スコットは、ビルマやベトナムの農村の事例から、農業生産の不確実性に対して、家族の最低限の生活保障への要求が農民生活の強力な動機づけにあることを主張した。そして、互酬的規範や生存維持保障という道徳に支えられた有力者との社会関係によって、農民が経済利益の極大化から被る危険性を回避するシステムを明らかにした。

佐良浜のウキジュ関係では、魚の獲り手と買い手のほとんどが同じ家計経済や親族関係にはなかった。このような特徴をもつ獲り手と買い手は、パトロン―クライアント関係にはない。理念的には、漁師からも仲買いからも取引関係の解消を言い渡すことができる。しかし、実際には頻繁に解消されていない。その理由として挙げられるのは、解消を宣言した者が、ウキジュ関係を支えているツムカギ(心の美しさ)がないとされ、社会的な評価を自ら傷つけることになるからである。

リーフフィッシュはキロあたりの買値が安いため、手数料を払わなければならない漁協をとおした委託販売ではコスト負担が大きい。だから、漁師はウキジュ関係によって売ろうとする。しかし、ウキジュをめぐる関係性やツムカギのありようの実績を積んでおかなければ、島内の絶対数の限られた仲買いと、新たにウキジュ関係を結ぶことは難しい。ウキジュ関係が単なる経済的な動機づけだけでは成り立たないことを、漁師も仲買いも認識している。

たとえば、漁師の申し出があれば、水揚高の前貸しといった生活保障を担うこともある。一方、漁師も仲買いの買値が安くても、口出しをすることはなかった。つまり、仲買いと漁師は、単に短期的に決算される経済的な関係だけではなく、互いに長期的に協働する関係にあるといえるだろう。すなわち、ウキジュ関係の継続とは社会的な意味をもつ。

ここで、ウキジュという取引慣行において、ツムカギをふるまうとはどういうことなのか、さらに考えていきたい。

これまでの事例からみてきたように、魚をめぐる取引の不確実な状況に対する対処方法として、仲買いの選択する行動原理とは、安定した仕入れの確実性とツムカギに収斂される、商品を供給する相手と買い手との社会関係への投資にあった。また、同業者間で出し抜くことは極力避ける傾向にある。つまり、秀でないことに細心の注意が配られ、販売の機会や儲けを平準化しようという志向性が認められた。ウキジュという取引慣行によって魚を売買するかぎり、仲買いは漁獲の不確定さを了解しなければならない。こうした危機を乗り越えるために、仲買いと仲買いの関係は商売敵でありながらも、協働関係にあるといえるのではないだろうか

ある仲買いは、ウキジュとセリの違いについて、ウキジュによる魚の取引慣行は「心で調節できる」と答えた。そして、こうした商売のやり方について、「自分の仕事をするだけ」と表現した。この「心で調節できる」という言葉によって説明されるように、ウキジュはツムカギというモラル

の共有によって成り立っている。そして、こうした心の持ち方が互いに期待され、さらに、それに応えようとする行動によって、両者の関係は維持されている。暗黙の契約というつながりの繊細さは、共同体内のモラルの共有によって人びとをつなぐ強固な社会関係へと変換されるといえる。

複数の漁法を組み合わせて活動する漁師は、多様なものを漁獲対象にできる。さらに、サンゴ礁に生息する海洋生物の生態的知識や海に関する民俗知識を蓄積して、柔軟に漁法を切り替えることができる。ウキジュという取引慣行によって、漁獲物を販売できる漁師は、自分しか扱わない魚を仕入れたいという仲買いの期待や、同じ魚が連日続くと売りにくいという仲買いの状況を理解している。だから、他の仲買いとウキジュ関係にある漁師が獲らない魚をターゲットにしたり、連日同じ魚を漁獲したときには、他の魚種も獲ろうと努めていた。仲買いの期待に応えようと漁師が努力していることは、調査期間中に水揚げされた水産物の六七％が一人あるいは二人の仲買いのみに扱われていたことからもうかがえる（一六六ページ図4—2）。

このような商品の多様さとは、特定の水産物にその商品価値が集中されていないことを示している。言い換えれば、佐良浜の取引慣行では、資源利用の特化が促進されていない。前章まで漁撈活動の実態について詳述してきたように、漁法や対象魚種が異なれば、利用する漁場も変わる。漁師は、魚の生態や漁場に関する民俗知識を十分に活用して、その日の漁撈活動を組み立てている。つまり、ウキジュという取引慣行によってのみ生産物を販売できる素潜り漁師がウキジュ関係の継続に向けて努力するということは、サンゴ礁資源の利用を分散させる状況を生み出している。

資源利用に関する研究において、地域社会固有の経済論理に焦点を当てることは重要である。社会経済関係を明らかにすることは、自然に対してどのような働きかけを行っているのか、そして、それが環境にどのような影響を与えているのかを分析する視点を拓くだろう。

本章では、外部の流通システムとの接点にある仲買いの行動戦略に注目しながら、島の経済活動がどのように実践されているか、それは何によって支えられているのかを考察してきた。そこでは、漁獲の不確定さというリスクを了解し、外部市場を馴化しながらも、島に生きる人間と人間の関係性を基盤とした経済活動のあり方が浮き彫りになった。多種多様な生物が生息するサンゴ礁という生態系の特徴やそれに応じた漁師の多彩な民俗知識や経験の蓄積、地縁社会の紐帯を支える人びとの意思が絡み合いながら、ウキジュという取引慣行を生み出している。その重なりが、はからずも、自然利用に重要な役割を果たしているのだった。

（1）渦鞭毛藻《うずべんもうそう》によって生産されたシガテラ毒をもつ藻を食べた貝や小魚などを食べることによる食中毒。マヒや下痢などの症状を起こすほかに、水に触れたときにショックを感じる知覚異常を起こすことがある。これは、ドライアイスセンセーションと呼ばれる。佐良浜でもバラハタなどの魚類が「アタル（食中毒になる）」魚として認識され、食べない人が多い。

第5章

見えない自然を生きる
——自然観と社会的モラリティ

一日の漁を終えたスーニガマが並ぶ船着場(2002年)

前章では、ウキジュという取引慣行において、いくつかの期待される行為が人びとの間で共有されていることを述べてきた。同時に、それは期待に応えないことを避ける行為ともいい換えられる。たとえば、魚とカネをめぐる振る舞いとそれに映し出されるモラルを常に人びとは意識していた。また、仲買いは、同業者間で出し抜くことを避け、販売機会や儲けを平準化しようと、秀でないことに細心の注意を払っていた。ウキジュという取引慣行は、このような相手の期待に配慮した振る舞いを、日々のサンゴ礁資源をめぐる相互行為のなかで常に提示するよう努め、確認し合うことによって維持されている。つまり、他者のまなざしを意識したモラルのあり方が、人びとの日常的な行動を律する基準として重要な意味をもっていた。

このように、佐良浜の日常生活において、他者のまなざしとして意識されるものに、マジムヌと呼ばれる霊的な存在が挙げられる。佐良浜滞在中、島の人びとからマジムヌと遭遇したという話をよく耳にした。昼下がりの井戸端会議や模合《もあい》とよばれる頼母子《たのもし》講(1)など人が集まる場所では、こうしたマジムヌにまつわる話が、声をひそめるのでもなく、誰彼ともなく始まる。日々の暮らしのなかで、佐良浜の人びとは、マジムヌのまなざしを気にかけている。

マジムヌとは何か。そこに、佐良浜の人びとが自然とどのように関わりながら暮らしているのかを探る鍵があるように思われる。この章では、マジムヌによる一定期間の行動規範の意味について、社会的文脈と資源利用の観点から分析する。

1　民俗方位ヒューイと方忌み

十二支による方位の分類

夜のモリツキ漁について、参与観察調査を続けているときのことだ。風もなく、空が高く澄んだ、漁には申し分のないある日の夕方、今晩も漁に連れて行ってほしいと漁師の家に挨拶に行くと、「今晩は漁には行かない」という返事が返ってきた。「漁場であるカヤッフキャが、アナだから」と、その理由を説明した。アナの日には、どんなに風や潮がよくても、その場所で漁を行うのは危険だという。

アナとは何か。そして、もし、漁を行った場合、どのような危険が待ち受けているのだろうか（写真５―１）。

まず、アナを理解するために、佐良浜の人びとが方位と漁場の位置関係をどのように意味づけているかを整理しよう。

佐良浜では、方位は二通りの方法によって分類される。東西南北によって分類す

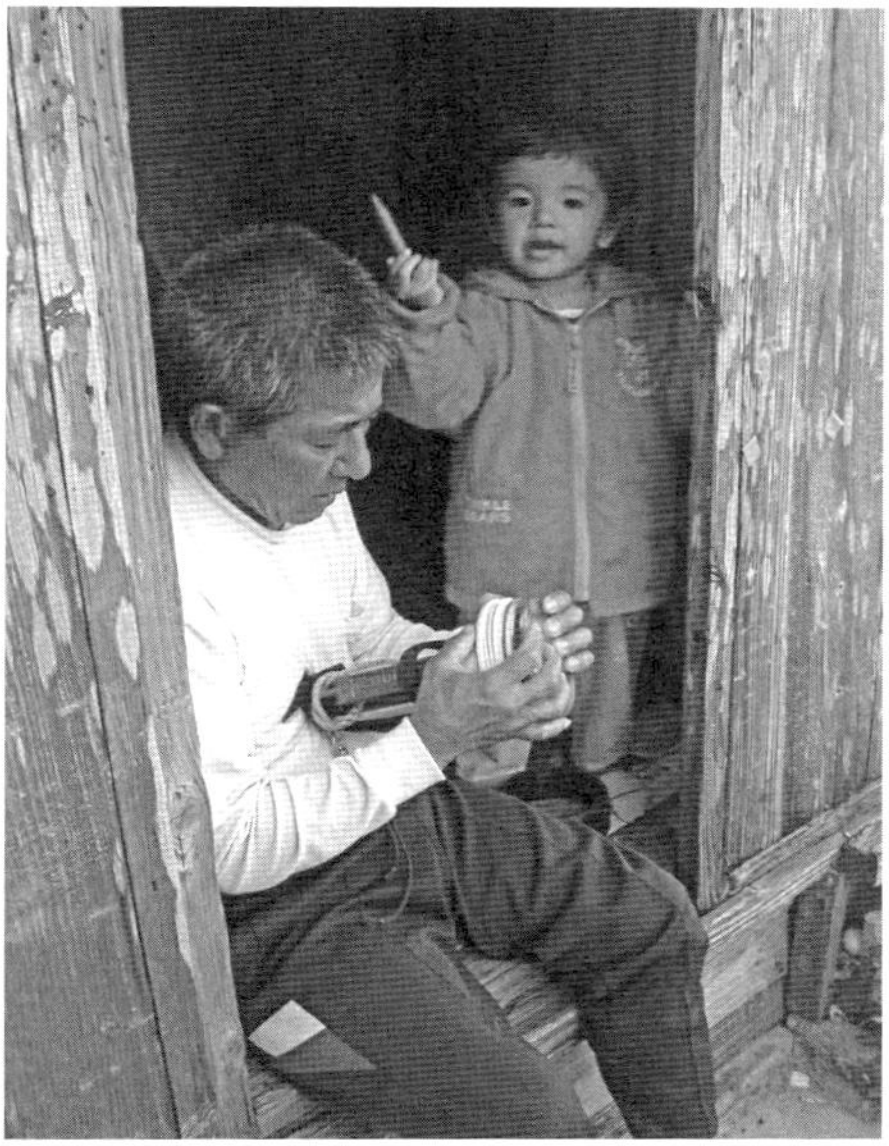

写真５―１　夜のモリツキ漁に備えて、懐中電灯を確認する

る方法と、佐良浜を基点に十二支によって分類する方法である。

佐良浜では、東西南北はそれぞれ、「トラ（寅）ヌハ」「サイ（申）ヌハ」「ウマ（午）ヌハ」「ニ（子）ヌハ」に対応するといわれている。「ニヌハ」（北）と「トラヌハ」（東）の間は「ウシヌハ」に、「トラヌハ」と「ウマヌハ」（南）の間は「ウ（卯）ヌハ」「タツ（辰）ヌハ」「ミ（巳）ヌハ」に細分される。「ウマヌハ」と「サイヌハ」（西）の間は「ヒツ（未）ヌハ」に、「サイノハ」と「ニヌハ」の間は「トゥイ（酉）ヌハ」「イン（戌）ヌハ」「ビ（亥）ヌハ」に細分される（図5－1）。つまり、十二支の民俗方位によれば、北と東の間と南と西の間は二つに分割される。また、東と南の間と西と北の間は四つに分割される。

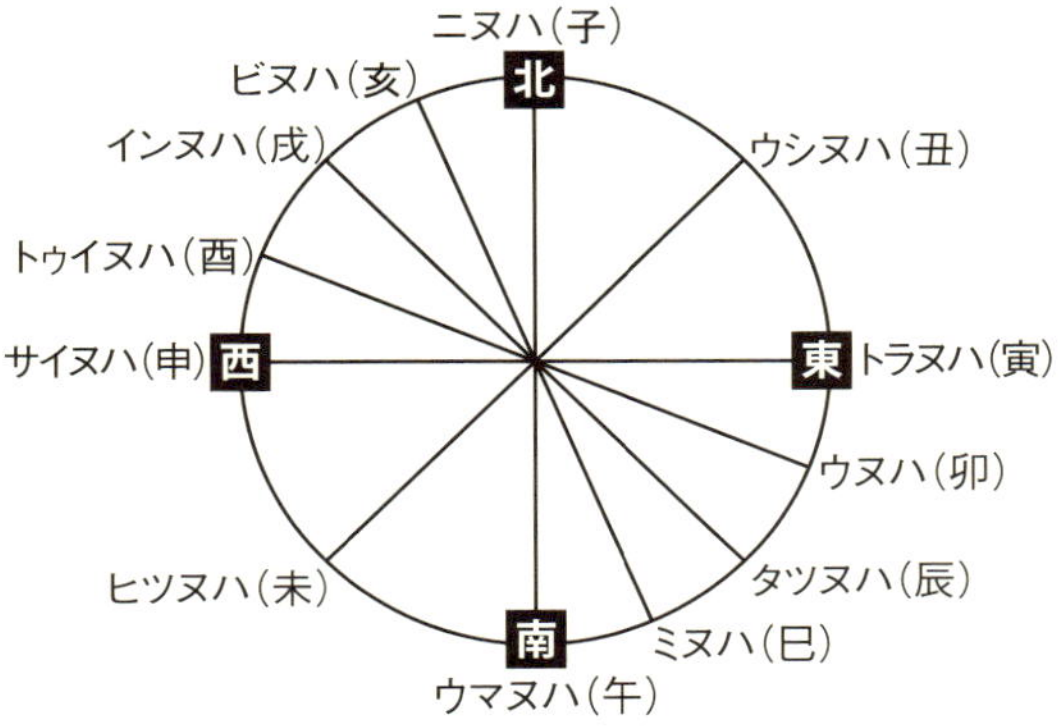

図５－１　民俗方位

このように、十二支によって呼び分けられる民俗方位は、ヤシキ（屋敷）の構造を説明する際や村落や家庭の中で発話する祝詞や儀礼を執行する吉日を決める際に、参照される場合が多い。

また、サンゴ礁で潜り漁を営む漁師も、風の向きや漁場の方向を指すときには、西の風をサイノハ・カディ（申の方位・風）と呼ぶように、十二支による民俗方位によって呼び分けることがある。佐良浜では、エンジン付きの動力船導入以前は、手漕ぎの木製の舟と帆を利用していた。第2章でみてきたように、素潜り漁師は風向きを読みながら、漁場や島まで舟を操らなければならなかったため、風向を細かく分類し、認識している。

災いを避けるためのヒューイとアナ

それでは、素潜り漁師が私に告げた「漁場であるカヤフッキャが、アナだから」という言葉にどのような意味がこめられているのか、考えてきたい。

佐良浜ではその日の暦の干支が指す方角をヒューイと呼び、ヒューイとして示された空間をアナという。アナとして認識された漁場では、その日は漁をすることを避けたほうがよいと考えられている。たとえば、暦上、丙子《ひのえね》とされる日には、子《ね》の方角がヒューイとなり、子の方向にある海岸がアナとなる。

また、漁をする当事者の生年干支と漁をする日の干支が同一だった場合、この干支のヒューイが指すアナはウマレアナと呼ばれる。その漁場がウマレアナと判断されると、その人はそこでの活動を最も避けたほうがよいと考えられている。なぜなら、これらの禁忌を破ってウマレアナで漁をした場合、不漁や事故、病気にかかる危険があるからだ。さらに、悪さをする霊的な存在であるマジムヌに遭遇することさえあるという。複数で漁船に乗る場合は、舵を取る者の干支がヒューイの基準となる。

アナだけではなく、その前後の干支にも注意しなければならない。アナは、翌日よりも前日、前日よりも当日が忌避すべき度合いが強まる。ただし、魚の群れに「アタルときは、ものすごくアタル」ともいわれ、魚群に遭遇した場合は通常では考えられないほどの大漁になるともいわれている。伊良部島周囲のサンゴ礁で漁をする素潜り漁師は、いつ、どの方角がアナに当たるのか、暦を常に意識している。とくに、夜間の電灯モグリ漁を単独で行う漁師は、その危険性からマジムヌや事故に遭遇しないように、ヒューイやアナを避けることに注意を払っている。

方忌《ほうい》みをめぐる語り

漁師たちは、ヒューイやアナをどのように理解しているのだろうか。ここでは、引退した古老だけではなく、現役の漁師にもよく知られているヒューイやアナにまつわる語りを取り上げたい。次の事例は、忌避すべきヒューイやアナの禁忌を破って漁を行った漁師の話である。

〈聞き書き1　消えたアカディンニバラとキドゥマイのアナ〉

「誘導搭の西のほうによ、キドゥマイ(漁場の名称)ってあるさあね。あっちには、また、ヒツヌイ(未の日)かサヌイ(申の日)に、よく誰かにも見えとったみたい。一人の兄さん、うちらなかよりも四つ上の。あれは、大きいアカディンニバラ(スジアラ)、わかるね。あれを一五キロぐらいのものを一匹釣って、きれいに死なせてよ。めんだま(目玉)からめんだまに縄を通して、ウキにきれいに下げて。もう一匹いたんだから、あれはまた一八斤(約一〇・八キロ)と言っていた。始末もしないで、針に引っ掛かっていて、引っ張ってきたら、もう(ウキから)下げられているものがなかったって。誰かのバカが持っていたはずと、あっちこっち見ても誰もいない。

考えてみれば、ちょうど、サヌイの日だったたって。恐がって、こっちには今日は何かいるんだなあと、ウギン（モリ）に引っ掛かっているものも刺したまま、そのまま浜まで来て家に帰ってきたって」（二〇〇一年八月、現役素潜り漁師・喜久田幸雄さん（仮名）、六〇歳）

キドゥマイとは、下地島西側のサンゴ礁が岬のように突き出ている漁場の地名である。ハタ科などの高級魚やコウイカ（写真５－２）が生息する漁場として、漁師に知られている。素潜り漁師の民俗方位によると、キドゥマイの場所はサイ（申）ヌハの方向となり、申の日には漁を行わないほうがよいと考えられている。この漁師によると、ヒューイにもかかわらず、アナにあたるキドゥマイで漁をした漁師が、スジアラの大物を獲り、モリに刺したまま浜に上がろうと泳いだが、その魚はいつのまにか消えていた。これを不思議に思った漁師は、海の中にいる「何か」が魚を奪っていったと解釈したという。

写真５－２　身が軟らかく、甘みのあるコウイカ

この漁師が初めに断っているように、キドゥマイのアナで霊的な存在のマジムヌを見たり、恐ろしい経験したという語りは、この漁師以外

からもよく耳にした。

〈聞き書き2　燃えたコウイカとマジムヌ〉

「あと、もう一人のおじいさん。奥浜おじい。あれが、なにかって。あっちだよ、また。同じ場所。サヌイ(申の日)に、また。何年か前か知らんけど、大きいクブシミャー(コウイカ)を獲ってきたって。獲ったものを浜に置いて、お昼はご飯食べて、薪を燃やしてもう一回泳いだわけよね。行ったら、もう、ちょうど、リーフを越えて、沖に行こうしたら、メガネが曇っていたみたい。これを洗おうと(礁原の上に)立ってみた。

自分の洋服が置いてあるところを見てみたら、燃えているって。人間も三名ぐらいいて、一生懸命(火が起こるように)叩いているって。もう、洋服も(燃えて)ないから、自分はどうやって帰るかって。獲ったコウイカも焼けてないはず、と。あの三人が燃やしてしまったから、三人をモリで刺してやると思って、怒って慌てて(礁池に)入ってきた。でも、浜に来てみれば、何も燃えていないって。浜にあがったらよ。あれ、自分の目が悪くなったかなって、どんなに見てもいないって。あがってきたら、何もしないって。ああ、こりゃ、大変だって。自分は帰ってきたよって言っていた」(二〇〇一年八月、喜久田幸雄さん)

この漁師は漁獲した大きなコウイカを浜に水揚げした後も、サンゴ礁の外側で漁を続けていた。水中眼鏡が曇ったため、礁原の上に立って拭こうとした。浜を振り返ってみると、自分の服とコウイカを置いた場所で三人の人間が火を焚いているという。この漁師は怒り、燃やされては大変だと浜へ急いで泳いで戻った。すると、浜にはその三人どころか燃えた形跡さえなかったという。これはマジムヌの仕業にちがいないと、恐ろしくなって漁を切り上げて家に戻ったという。

このように、本来ならば漁をすべきではない場所で漁を行った場合、人間ではない「何か」と遭遇する危険があるという。そして、その禁忌を破ると、ときには命を落とすことさえあるといわれている。著者が調査を始めた二〇〇〇年のある夏の日、キドゥマイで漁をしていた漁師がサメに襲われて亡くなる事故が起きた。この事故の後、出漁前の薄暗い早朝の港は、アナにもかかわらず漁をしたからだという噂話で持ちきりだった。

禁忌とコウイカの神様

〈聞き書き3　コウイカの神様〉

「西の誘導搭ね。あっちの向かいのシ(干瀬)に、ンナガマビジという漁場がある。コウイカが卵を産んでいる場所に、ススヌスガイディ(枝状サンゴ)がある。あのカバシャおじいの時代だよ。クブシミャー(コウイカ)がものすごく付くサンゴがあったって。して、太陽も昇らないうちに、カバシャおじいはいつも家を出てたって。冬のコウイカの時期になったら、早く他の人が来ないうちに獲らなければいけないって思っていた。

その日はウマヌイ(午の日)って。ンナガマビジは、ウマヌイがアナになるわけよ。なにか、コウイカともイカともまた分けられない大きいものが、ススヌスガイディのまわりを、こんなふうに、ぐらぐらぐらぐら回っとったみたい。あんな大きいやつを見てからは、はやく獲らなければいけないと、潜ろうとしたら、片目が、もう（水中）メガネに水が入ったって。あれは、カミの伝えによってあんなふうにしたわけさあ。見せないつもりで。

だけど、あのおじいさんは、こんな大きいものを見ては、片目で見てもこれをば刺すと思って、入っていって、モリを刺してみたら！片目を突いたって。コウイカはうるうるとしているから、慌てて捕まえて持ってきて。きれいに（水の中で）死なせてあったみたい。して、コウイカの後ろに動いている羽があるでしょう。あれをくわえておって、カネじゃなくて、竹で昔のおじいさんなんかは、「トンヅク」つくっておった。あの縄に通してあるやつ。ぐふっとしたら（刺したら）、こっちの端からはずしたんだけど、あんな大きいものが、目の前からいないってよ。目の前から。目の前からなくなったってよう。自分も驚いて、仕事もしないで帰ってきたって言っていた。

して、自分の奥さんにムヌスー（霊的職能者）の前に行って見てきてと。したって、（ムヌスーがいうには）運がよかったと、持ってこないで帰ったんだからと。あの（コウイカは）、いえば神様みたいなものだったって。持ってこないでよかったって、話しておったみたい」（二〇〇一年八月、現役素潜り漁師・池間次郎さん（仮名）、六三歳）

数年前に亡くなったカバシャおじいは、素潜り漁師のなかでもタコやコウイカ獲りの名人だったと、いまも賞賛されている人物である。日が昇る前から海へ行き、一日中漁をしている働き者だった。カバシャおじいが、よく漁場として利用していたンナガマビジとは、下地島南西の裾礁の外洋側にある台礁を指す。ンナガマビジは、毎年コウイカが産卵するススヌスガイディという大きな枝状サンゴがある漁場として、漁師に知られている。だが、この海域は潮の流れが速く、熟練した漁師でも泳ぐのは難しい。こうした技能的な理由から、ンナガマビジという漁場名は知っているが、ススヌスガイディが実際にどこにあるのか自分の目で見たことのある漁師は、多くはない。

ンナガマビジの位置は、素潜り漁師の民俗方位によると、ウマ（午）の方角になる。このため、午の日がアナになる。この漁師の語りによると、アナにあたるこの日、漁をしていると大きいコウイカを見つけた。格闘した末に漁獲し、トンヅクと呼ばれる竿に刺した瞬間、目の前からそのコウイカは消えたという。恐ろしくなったカバシャおじいは家に帰り、妻にムヌスー（霊的職能者）にあれは何だったのか聞いてくるように頼んだ。すると、ムヌスーは、あのコウイカは神様みたいなものだったと答えたという。

これらの事例に共通しているのは、アナで漁獲した対象物が通常では考えられないほどの大きさだったという点である。これらは「何か」やマジムヌなどと表現され、こうした目にすることのできないものがアナには出現すると解釈されている。聞き書き3は、多くの現役漁師に最近の出来事としてよく知られているアナの話である。カバシャおじいは、海を生業とする後輩たちに、午の日にはンナガマビジに行かないほうがいいとよく説いていたという。この話には続きがある。

ヤギが眠る海で

佐良浜の字池間添の数人からなる組合船がコウイカを獲ろうとンナガマビジへ行くと、いつも漁場に着くころには、早起きのカバシャおじいが漁獲した後だった。いつもコウイカを十分に獲ることができないので、この組合船はあえてアナにあたる午の日にンナガマビジで漁をした。なぜなら、カバシャおじいはアナをおそれて、午の日にはンナガマビジで漁をしないことを知っていたからである。そこで、この漁師たちは、次の事例に示すように、本来は海の中にいないはずの「何か」を見たのだった。

〈聞き書き4　サンゴの上で眠るヤギ〉

「ちょうど、ウマヌイ(午の日)だったって。カバシャおじいは、恐がってその日は行かんわけさあね。ウマヌイだから。だけど自分(組合船)なんかは行ったわけ。そしたら、……ヤギが眠とったって、ヤギが。海中の、そのススヌスガイディの上に。

死んで腐っているものだったら、(そのヤギは)上に浮かんで流れていくよ。だけど、スガイディ(枝状サンゴ)の上に眠っているから、これは腐れてないから。若い者なんかは、(そのヤギを)獲って浜できれいに焼いて食べると、そういう話もしとったって。

だけど、年寄りなんかは、もう大変だ。ヤギが(海の中で)眠っているの(を見るの)は初めてだから、これを獲ったら大変だと驚いて帰ってきて、カバシャおじいに言ったわけ。なんでこっちにヤギが眠っておったか?と言ったら、自分もそういうことがあったんだから、間違いが起きないように、ウマヌイの日に行かないようにしなくては大変だよと、カバシャおじいは話しておった。そういう話はよくあったよ」(二〇〇一年八月、池間次郎さん、六三歳)

忌避されるべき漁場で漁をした漁師たちは、海中のサンゴの上で眠っているヤギに遭遇したという。アナにまつわるこれらの語りに共通するのは、方忌みを破って漁を行ったために、獲ったはずの魚が消えたり、海の中にいないはずのヤギがサンゴの上で眠っているなど、不可思議な出来事に遭遇する点である。

「聖なる存在」へのおそれ

素潜り漁師は十二支によって空間と時間を分類し、ある特定の漁場を一定期間、アクセスや利用を避けるべき場所として意味づけし、漁場空間を識別している。干支が一回りすることで、ヒューイとアナは、一二日ごとに忌避すべき漁場のサイクルを生む。言い換えれば、マジムヌとの遭遇や災いを避けようと忌避に沿うことは、漁場利用を一定期間規制する規範となる。また、生年干支による漁場利用の個人的な制限は、各漁師に漁場へのアクセスを平等化する理念とも捉えられるだろう。

このように、人びとにおそれられ、日常の語りにも頻繁に登場するマジムヌは、集落内だけではなく、海にも出現する。海は、漁師にとって、豊穣を与えてくれると同時に、不可思議なものが存在する聖なる空間でもある。こうした聖なる海での漁撈活動には、予測不可能な危険が付きまとう。そして、ヒューイやアナによって、特定の場所での漁が一定期間規制される。

先達は、後輩の漁師たちに、ヒューイやアナの行動規範を破ると、不慮の事故や目に見えないものの存在と遭遇するかもしれないことを物語る。これらの物語は、繰り返し語られることによって、漁が死と隣り合わせであるという危険を喚起させるだろう。マジムヌへのおそれは、漁の危険を再認識させ、聖なる海での漁撈活動を一定期間利用しないという行動選択の基準のひとつとなる。こうして、特定の漁場へのアクセスを一時的に制限することによって、身体的な危険性への不安が和らげられる。

2 マジムヌとカエルガマの儀礼

煤《すす》払いの儀礼「カエルガマ」

これまでみたように、マジムヌの存在はおそれの対象であり、人びとの行動に影響を与えるもののひとつである。そして、佐良浜では、このようなおそれの対象を集落から一掃するために、年の暮れに煤払いの儀礼を行う。ここでは、著者が二〇〇三年一二月に観察した煤払いの儀礼、カエルガマの概略を紹介したい（写真5－3）。

佐良浜には調査当時、一年間に五九の村落儀礼があった。そのうち一年の最後に行うのが、カエルガマと井戸の儀礼である。カエルガマは旧暦一二月の丑の日に行う。ただし、辰年には辰の日に行うのがよいとされる。

カエルガマの執行者は、フンマ、ナカンマ、カカラ（三〇～三一ページ参照）と呼ばれる六人の女性の司役と、ナナスンマと呼ばれ四七～五七歳の女性、インギョンマと呼ばれる五七歳以上の女性で

写真５−３　カエルガマの儀礼（2003年）

ある。集落の東の井戸から西のはずれにある崖まで練り歩き、棒で各家を叩きながらマジムヌを追い出す。崖下は海となっており、サンゴ礁の縁溝が太く、外海へ傾斜するあたりに向かって、マジムヌを「ウーギャン（追い込み漁）のように」追い込んで、崖から落とすのだという。

儀礼の前日、ナカンマとカカラは海岸からツル性植物と若竹を採取する。そして、儀礼の執行者である女性たちは、草の仮面と杖をつくる。その際、葉を目隠しになるように垂らす。また、若竹は葉をすべて落とし、約一三〇センチの棒にする。人数分つくり終えると、仮面と杖をフンマの家の門の前に安置する。さらに、当日儀礼で使う泡盛の入った瓶や米、インヌユー（海の豊穣）と呼ばれるカタクチイワシの乾物、アダナスと呼ばれるアダンの気根《きっこん》を細く裂いた繊維などを膳に並べる。そして、カエルガマを執り行うことをカミに報告する儀礼を行う。

儀礼当日の朝は、集落から豚が一頭供えられた。

この豚は、夜が明ける前の東の船着場で、池間添と前里添の区長夫妻と手伝いの男女合計六人によって解体された。初めに、四足の蹄、蹄の表と裏の角質、両耳、鼻の上、唇の上下、しっぽの先と、乳首を二つ切り取った。これらは、ナマバナと呼ばれる。さらに、豚をバーナーで丸焼きにしてノドから解体し、心臓、肝臓、腎臓、胃袋、肺などの臓器の四隅を切り取った。これらもナマバナであるが、外側と内側は分けてお椀に入れる。腕は二つに、腿は四つに、切り分けられた。このように解体することで、約一斤(約六〇〇グラム)に分けられるという。

その後、肉の真ん中に裂いたアダンの気根の繊維を通し、大鍋で茹でた。茹でた肉と骨は、アーグと呼ばれる籠に入れて、儀礼の施行者に渡される。

一方、儀礼の執行者であるフンマ、ナカンマ、カカラの六人、ナナスンマ一二人、元カカラ二人は、日が昇る前に港近くのフッバタマガイと呼ばれる場所に集合した。フッバタマガイには、頭ほどの大きさのサンゴの塊が五つ並べられている。これらは東から、トラヌハ、ウカマ、ナガバタキ、イスンミガマ、ティビ・ブラと呼ばれる。

トラヌハは東を意味する民俗語彙(二一〇ページ図5―1参照)で、「すべてのことを教えてくれる」カミのいる方角といわれている。ウカマは台所を意味し、儀礼中は線香を炊く場所である。ナガバタキは、儀礼を執り行うフッバタマガイのカミの名前だといわれている。イスンミガマは、道路が拡張される以前に、このあたりにあった洞窟の名前である。ティビ・ブラは「後ろ・放り投げる」を意味し、この場所で供物を後ろに投げる。

フンマは線香を焚《た》くと、茹でた豚肉と骨が添えられたお椀をそれぞれのカミに、祝詞《のりと》をあげなが

写真5－4　マジムヌの嫌う豚の爪などをぶら下げたしめ縄を集落の入り口に張る（2003年）

ら供える。五カ所を終えるのに約三時間かかった。この間、区長など手伝いとして参加した男性たちは、集落内の数カ所にしめ縄を張り、切り落とした豚の足の先などを吊るす。豚の足は第一関節から切り落として二つに割り、縄にしばりつける。池間添は以前、洞窟があったイーブーフッジャカガマなど三カ所、前里添は崖によって集落を二分しているサラハマンミなど五カ所に、しめ縄を張った。

参加した男性によると、女性たちによって集落から海に突き落とされたマジムヌが再び集落内に侵入しないよう、こうした崖や集落のはずれにしめ縄を張るのだという。また、マジムヌは肉のないブタの骨を嫌う。そこで写真5－4のように、佐良浜集落の周囲や崖の上には、マジムヌの嫌うものがぶら下げられる。

儀礼の施行者である女性たちは、それぞれのカミに祝詞をあげ終えると、草の仮面をかぶり、棒を持つ。そして、「ヤマグーイダシバ（山犬を出せ）」と叫びながら、集落を歩き始めた。この女性たちに出会うと、命を落としたり、頭がはげるといわれている。このため、かつて佐良浜の人びとは、カエルガマが終わるまで家にこもり、戸の隙間から司役たちが通り過ぎるのを、息を殺して見ていたという。

ただし、著者が観察したこの年は、風が強く出漁できなかったため、港では大勢の漁師が舟や網の修理をしていた。そして、女性たちは「コレガターインヌファガ（これは、誰の犬の子だ？）」と叫びながら、棒をふり回して、港で作業をする漁師たちを追いかけていた。

女性たちによって清められた集落

筆者は、フッバタマガイでの儀礼としめ縄張りの観察を許されたが、この後、サバオキと呼ばれる西の崖での儀礼への参加は認められず、最後に女性たちが身を清める浜辺で待機させられた。東の井戸から歩き始めた女性たちは、西の井戸があるサバオキに向かって駆け足で集落を走りぬける。そして、サバオキに着くと仮面を脱ぎ、クイチャーと呼ばれる踊りを踊るという。その後、かつて浜辺であった西の船着場へ降りてくると、手足を海水で清める。それから、浜に落ちている小石を拾い、左手で持って頭の上で三回まわし、後ろ向きに投げる。

供物としてフッバタマガイで捧げられた豚肉や骨は、儀礼の執行者である女性だけではなく、豚の解体やしめ縄張りの手伝いとして参加した集落の男女全員に分配される。こうしてカエルガマの一連の儀礼が終了し、集落は清められた。

これまでみてきたように、カエルガマとは、フンマやナカンマ、カカラと呼ばれる司役やある特定の年齢に達した集落の女性たちによって執行される村落儀礼のひとつである。この儀礼によって、日々の暮らしのなかに潜む、災いをもたらすマジムヌを村落から追い出すことができる。その後、豊穣がもたらされるよう新年を迎える準備が始まる。

しめ縄は、サンやンミと呼ばれる、かつて崖に沿って浜辺から上がってくるための小道があった入り口に張られた。現在では、道路拡張工事によって崖は削り取られて見る影もなく、タイルの敷かれた細い歩道が整備されている。だが、海から集落の中心に向かう小道の最も高いところを意味するサラハマンミという地名は、人びとの暮らしに息づいている。たとえば、フンマに任命された女性は、集落下の浜辺へ降りるときは必ずサラハマンミを通らなくていけない。また、かつて死者を納めた棺桶を運ぶときは、必ずサラハマンミを通らなくてはならなかった。ンミとは、集落の上方と下方をつなぐ要衝であった。

3　聖なる空間と漁場利用

マジムヌのまなざしは、人びとの暮らしのなかで常に意識されている。だが、ある特定の空間と時間を避けることで、マジムヌとの遭遇を回避できるといわれている。とくに、漁撈活動を営む漁師たちの間では、海に出没するマジムヌとの遭遇を避けるために、忌避すべき時間や場所にまつわる先達の経験が語り継がれている。古老漁師から現役漁師へ、特定の場所の象徴的な意味づけや一時的な禁漁に関する物語が繰り返し語られることによって、漁は死と隣り合わせであるという危険が喚起させられる。J・ポギーが指摘したように、宗教的規範に沿うことは、その身体的な危険性への不安を和らげるとも考えられるだろう(Poggie 1972)。

マジムヌの存在に対するおそれは、特定の漁場にその利用が集中することを結果的に回避させる。さらに、漁師の生年干支と民俗方位の関係によって示されるウマレアナによって、その漁場が一個人の漁師に独占されることを避け、誰にでも等しく利用の機会がめぐってくることを可能にする。人びとがマジムヌの存在を意識することは、社会関係の緊張や衝突、偏った自然利用などの危険を避けるためのリスク回避の一つであるともいえるだろう。

佐良浜の人びとは、災いの一因となるマジムヌとの遭遇を避けようと、忌避すべき場所と時間を意識している。とくに、漁師たちの間で共有されているヒューイとアナという聖なる場所に関する慣行は、漁場利用の一時的な規制とアクセスの平等化の可能性を秘めている。マジムヌへのおそれは、人びとの行動を律する規範のひとつといえるだろう。

ところが、本書で紹介してきた事例からも見え隠れするように、人びとは必ずしもこのような行動規範に従うわけではない。他の漁師を出し抜こうと、本来ならば、漁を行うべきでない漁場に出漁する者がいる。アナである聖なる場所は、大物が獲れる場合もあるが、事故に遭う危険性もある。そして、もし彼らが不漁や事故に遭遇すると、人びとは、コミュニティの規範の逸脱とそれによってもたらされたマジムヌとの遭遇を、災いの原因として解釈するのだった。

このように、暮らしのなかに淀み溜まった悪い行いや災いは、一年の最後に、カエルガマの儀礼によって一掃される。カエルガマの儀礼は、フンマなどの司役やナナスンマ、インギョンマと呼ばれる女性たちによって執行される。このように儀礼のアクターとして集落の人びとが参加することによって、佐良浜の暮らしは浄められ、組み直される。

以上述べてきたように、土地の人びとの空間認識のあり様を、民俗方位などの意味づけだけではなく、個々の経験や行動、利用の面から総体的に理解することは重要である。素潜り漁師は、サンゴ礁をめぐる地形や潮汐、風などの自然現象、魚の生態について、詳細で実践的な民俗知識を蓄積してきた。そして、このように育まれた民俗知識をもとに、自然条件や社会経済的な状況に応じながら漁獲対象を選択して、漁獲をあげようと努力していた。

だが、本章でみてきたように、佐良浜の人びとは、生態学的な民俗知識から理解した自然に対して、目に見えないものの存在をも見ている。言い換えれば、自然に関する実用的な認識と観念的な認識を別々の領域ではなく、総体的なものとして捉えているといえよう。つまり、佐良浜の人びとが理解する自然環境には、目に見えるものと目に見えないものが分かつことなく存在しているのである。

（1）互助的な庶民金融のひとつ（野元二〇〇五）。佐良浜ではモアイと呼ばれ、月に一度開催されるものが多い。メンバーの持ち寄った一定金額の総額が、その月の受領を希望する一人に与えられる。ただし、他のメンバーも配当金と呼ばれる金額を受け取ることができる。つまり、モアイの受領者は総額からメンバー全員に配当する金額を差し引いた分を受け取る。希望者が複数いる場合は、配当金額を競り、最も多く配当すると申告した人がその月の受領者に選ばれる。佐良浜では、男性も女性も二つ以上のモアイをかけもちしている人が多い。同級生仲間や主婦のなかには、配当金なしの持ち寄った金額で遊ぶカラオケモアイを行っている人もいる。

終章

島嶼コミュニティの生存基盤の理解にむけて

旗を上げて、グルクンの群れを見つけたことを仲間の舟に知らせる（2004年）

1　まとめに代えて

本書では、サンゴ礁を生業の場とする人びとが自然を利用する際に顕在化する生活戦略や社会経済的な活動、自然観などを含めた多様な側面に焦点をあて、自然利用という行為を総体的に描くことを試みてきた。そして、漁撈活動の実態の詳述をとおして、陸地における島嶼コミュニティのあり方が漁撈活動に大きく関わっていることを示した。また、漁撈という生業の不確実性に関する人びとの行動や戦略を分析の中心にすえることで、サンゴ礁資源利用との関わりを顧みることになった。つまり、資源利用をめぐる人間と自然との関係性を解明するためには、生物資源と人間の直接的な関係だけではなく、その関係と社会生活や信仰を切り離さずに、全体的に捉える視点が必要となる。

本書でもみてきたように、漁撈活動とは漁獲の不確実性や海の危険性などのリスクと向き合う生業活動のひとつである。ここで、サンゴ礁資源利用をめぐる「リスク」とは何か、序章で述べた二つの視点から考えてみたい。

まず第一に、人間と自然との関係から捉える視点である。漁師は漁獲をあげようと、資源へ直接働きかける。ところが、第3章でみてきたように、漁獲対象を発見し、時間をかけて網を設置し、追い込み漁を始めたとしても、必ずしも漁が成功するとは限らない。

たとえば、二九カ所もの漁場をまわってアオリイカの群れを探した日には、九カ所で漁獲できたが、二カ所では逃げられてしまった（一五一ページ参照）。漁撈とは、自然に関する詳細な知識を育み、あらゆる状況に適応するために生存戦略を立てながらも、成果の不確実な生業活動だといえるだろう。また、潜水による漁法では、海に身を投じることで、海の変化を身体に直接受ける。サメの出現も、漁師にとって生命を脅かす危険のひとつである。このような漁撈に関する不漁や事故というリスクは、人間と自然との直接的な関係に立ち現れる。

そして第二に、人間と人間との関係から捉える視点である。佐良浜では、水揚げされた魚は漁師と仲買いの個人的な取引関係によって売買されていた。たとえば、漁師から直接魚を仕入れる仲買いにとって、漁師の不漁は手元にそろう商品の品薄を意味する。また、ウキジュと呼ばれる取引慣行では、漁師と仲買いをめぐる、個と個の繊細なつながりが基礎になっていることを指摘した。漁師と仲買いは、パトロン―クライアントのような主従関係ではなく、どちらも関係の解消を言い渡すことのできる対等の力関係にあるといわれている。つまり、仲買いはウキジュにおいて、漁撈という生業活動の不確実さだけではなく、暗黙の契約関係という社会経済的なリスクも了解しなければならない。

本書では、こうした資源利用をめぐる諸側面について解明するなかで、直面する問題を乗り越えようと、人びとがさまざまな努力をしていることを明らかにしてきた。たとえば、人間と自然の直接的な関係に対して、漁師は獲物を確実に捕えようと、漁場の海底地形や底質、潮汐現象、風向きや季節風などの状態や特徴、漁獲対象となる魚の習性などを深く観察し、詳細な民俗知識を蓄積してきた。佐良浜では、サンゴ礁地形を利用した潜水による漁法は六種類あり、ほとんどの漁撈集団はこの中から複数の漁法を組み合わせて活動していた。

漁撈活動の復原によって明らかにしたように、漁師は、海や凪、天気の状態や価格変動など、そのときの状況に応じて、漁場となる場所や漁獲対象、そして漁法を選択している。このように、操業できる漁法が複数あることは、一日の活動を臨機応変に組み立てることを可能にする。言い換えれば、資源への関わり方を多様化させることで、少しでも水揚げの安定を確保しようとしている。

さらに、古老漁師から現役漁師へ、特定の場所の象徴的な意味づけや一時的な禁漁に関する物語が繰り返し語られることによって、漁は死と隣り合わせであるという危険が喚起させられる。J・ポギーが指摘したように、宗教的規範に沿うことは、その身体的な危険性への不安を和らげるとも考えられる(Poggie 1972)。

一方、仲買いも、不漁による商品の品薄を避けるために、さまざまな対処策を練っていた。仲買いは、「商品」となる水産資源を、潜水による漁法を営む漁師からだけではなく、外洋でキハダやカツオなどを狙う小型船舶とも取引関係を結び、仕入れている。さらに、大型追い込み漁を営むアギヤー組からもタカサゴ科の魚を仕入れる。そして、佐良浜の漁船が出漁できない悪天候が続きそうなときには、天気予報をにらみながら、ビンナガを石垣島から取り寄せていた。

このように仕入先が複数確保されていれば、商品が品薄になるリスクは低くなる。つまり、仲買いにとって、取引先が複数あることは商品の安定した仕入れを確保するための生存戦略のひとつとなる。そして、人びとは、社会的なモラルの共有を相手に期待し、自らそれに背かないように努力することで、繊細な人間関係のうえに成り立つウキジュを運用している。

漁師と仲買いとの関係を支えるモラルのあり方やマジムヌという霊的な存在を意識することは、社会関係の緊張や衝突、過剰な資源利用などの危険を避けるための、人びとが育んできた知識の一つとして捉えられるだろう。こうした社会的なリスクを回避する行為が、はからずも、資源利用のあり方に影響を与えている。これが、本書のたどり着いた結論のひとつである。

人びとの資源利用という問題を扱うとき、自然認識や技術といった資源への直接的な関わり方のみならず、それを包摂する島嶼コミュニティ全体のあり方に対する視点が欠かせない。本書では、素潜り漁師のサンゴ礁資源利用を支える生存基盤を総合的に明らかにすることで、漁撈という生業《なりわい》は、物質的な自然との関わりだけではなく、社会関係、経済、信仰が分かつことなく絡み合っていることを示した。

ウキジュの分析により浮き彫りにされた、漁師と仲買いが互いに思いやり、扶助し合う姿は、調和的な、そして微笑ましい牧歌的な社会関係が維持されているように思われるかもしれない。しかし、このような関係は、一方で人びとのある程度の行動抑制と努力のうえに成り立っていることも事実である。これは、島という限られた社会空間で生きる人びとの社会的衝突を避けるための民俗知識のひとつといえるのではないだろうか。

2　今後の課題と展望

二〇一五年一月、伊良部島の南側に無料で渡れる橋としては日本最長となる全長三五四〇メートルの伊良部大橋がかかり、佐良浜港と平良港を結んでいた定期船は廃止された。人も社会も、変化のなかを生きていく。筆者は、これからも伊良部島に通い、島がどのように変化と向き合っていくのか、自然と共に生きるコミュニティのあり方について考えていきたい。

定期船の廃止により、仲買いの平良港での浜売りは禁止された。だが、仲買いたちは行政の通達にただ手をこまぬくのではなく、市街地に鮮魚店を開店する者や、佐良浜と平良の鮮魚店を行き来する配送トラックの共同契約をする者などが現れている。状況の変化に対して、新しい動きが生まれているのである。一方、スーニガマで素潜り漁を行う担い手が減り、本書で描いた追い込み漁などの技や知識の継承は困難さを増している。

また、素潜り漁師の生業の舞台であり、美しいサンゴ礁が広がっていた八重干瀬は、二〇一七年に海水温上昇の影響を大きく受けた。環境省のモニタリング調査によると、約七割が白化の影響を受け、そのうち六八％が壊滅的な状況に陥っているという（環境省（編）二〇一七）。このように、海と共に生きてきた島の文化と歴史が消えゆく危機的な状況に対して、地域住民が中心となり、先人たちの昔の写真を収集し、島の言葉や生きものとの関わりを記す運動が起こり始めている。

自然環境の変化や漁の担い手不足などの状況に対して、今後、佐良浜の小規模漁業や魚が紡ぐ島嶼コミュニティはどのように変化していくのだろうか。島に生きる人びとがさまざまな困難を乗り越えてきた経験と知識を、どのように次の世代へつなぎ、そして、これからも島の暮らしを維持していくためにはどのように社会的な困難を乗り越えていくのか。地域住民と対話しながら考えていきたい。

さらに、今後は、佐良浜だけではなく、他の島々へも研究対象を広げ、琉球列島の生きものと文化の関わりの多様性について聞き書きや参与観察、記録を続けていきたい。そこから、多様な生態系からなる琉球列島という地域の固有性や共通性を明らかにし、島という脆弱な環境において、暮らしと社会を維持するために、人びとはどのように自然利用や社会変化の不確実性を避けようと新しい知識や知恵を生むのか、人間の潜在力の可能性を探求していきたい。

あとがき

本書は、京都大学大学院人間・環境学研究科に提出した博士学位論文「サンゴ礁資源利用に関する人類学的研究」(二〇〇八年)を大幅に加筆修正したものである。第1章から第5章の一部は〈初出一覧〉に掲げた媒体に発表したが、今回、佐良浜の素潜り漁師の生業を総体的に記述するにあたり、フィールドノートから見直し、改めて整理し直している。

博士論文の提出から早くも一〇年が経ってしまった。漁師ではない私が、素潜り漁師の「眼」を持ち、人間と自然との関わりをどのように描くことができるだろうか。十分な資料収集や考察ができていないのではないか。そうした自信のなさから、なかなか出版に着手できなかった。

まだまだだと思いながら博士論文にまとめた後も、毎年、島の人びとが育んできた自然に関する知識や語りの豊かさ、それらを駆使して海の生きものと対峙する素潜り漁の面白さに惹かれて、島に通ってきた。私に研究テーマと世界の見方の多様さを教えてくれたのは、島の人びととの出会いである。その間に、お世話になった漁師の小学生だったお孫さんたちは社会人となり、高齢化した島の人びとを支えるまでに成長した。学生だった私も、子どもを持つ親となった。そして、この本に登場する多くの方が漁を引退し、お世話になった多くの方が年老い、亡くなっていった。

「そよちゃんがどんなことをこの島で学んだのか、本になるのを楽しみにしているよ」と、いつも励ましてくれた大好きなカーミおじいが亡くなったこと。そして、戦前、英領北ボルネオに渡ったときのことを克明に語ってくれたよしこおばあが、私のことがわからなくなった後も、「あの子に全部話して聞かせたから、あの子がいればよかったねぇ」と、病院にお見舞いにいった私に優しく微笑んでくれたこと。この二つが、あのころ一緒にひとときを過ごし、島に生きてきた一人ひとりの歴史を聞かせてもらった責務として書き記さなければと、私を奮い立たせた。

方名の記述など不十分なことも多々あると思う。その指摘と御批判を真摯に受けとめ、今後の課題としていきたい。

本書執筆にあたり、佐良浜の多くの方々にお世話になりました。八重干瀬の奥深さや魚の面白さを教えてくださった喜久川《きくがわ》組の皆さん、友利《ともり》組の皆さん、仲村組の皆さん、黄金丸《くがに》のケイさん。忙しいなか、私の質問に根気よく付き合ってくださった仲買いの皆さん。いつも私の体調を気にかけてくれたまむおばあ、よしこおばあ、なおこさん、波子おばあ、かずこねーねー、ゆうこねーねー、みいこさん。いつも、優しく微笑みながら、たくさんの昔話やスリリングな魚獲りの話を聞かせてくれた清おじい、善平さん、福里さん、仲間おじい。古希を迎えたら漁師を引退して、八重干瀬の美しい貝があふれる博物館を造りたいという章雄おじい。夕暮れの港や雑貨店の軒下で、たくさんの昔話を聞かせてくださったおじいたち、おばあたち。

島から電話がかかってくるたびに、佐良浜の青空と美しい八重干瀬がよみがえります。あの海に生きる人びとと過ごした日々が、本書を書く原動力でもありました。

そして、本研究を単著としてまとめることができたのは、二〇〇〇年に大学院生として初めて佐良浜を訪問して以来、住み込みを許してくださった池村武信・初枝御夫妻とそのご家族の皆さんのご協力があったからです。とくに、のぶおじいは、私の海の師匠でもあり、人生の師匠でもあります。

山田孝子先生(京都大学名誉教授)には、京都大学大学院進学から現在に至るまで懇切なご指導をいただきました。本書を最後まで書き上げることができたのは、ひとえにこれまでご指導いただいた山田先生のお力添えのおかげです。大学院進学以来、心配ばかりかけていた私を温かく見守ってくださったことに、心の底より感謝しています。

また、大学院のゼミナールを通じて故・福井勝義先生(京都大学)、菅原和孝先生(京都大学名誉教授)、田中雅一先生(京都大学)、文化人類学講座の皆さん、博士論文の副査である竹川大介先生(北九州大学)から、貴重なご助言とご指導をいただきました。そして、カツオ・かつお節研究会の仲間からは、南洋かつお節移民に関する共同調査を通じて、一人ひとりの歴史に耳を傾けることの大切さを学びました。多くの先輩・友人からは、研究活動を励まし合うなかで大きな刺激を受けました。

二〇一二年に生活拠点を再び沖縄に移してからの新たな仲間との出会いは、仕事と研究、育児と、いくつもの草鞋を履く私の人生の心の支えとなりました。なかでも、渡久地健先生(琉球大学)、当山昌直先生(沖縄大学)、盛口満先生(沖縄大学)、藤田喜久先生(沖縄県立芸術大学)、中本敦先生(岡山理科大学)、富田宏氏(漫湖水鳥・湿地センター)、島袋美由紀氏(琉球大学附属博物館)との対話からは、いつも、沖縄の豊かな自然と暮らしに対する深いまなざしと新しい発想力を得ることができました。

渡久地先生には、たいへんお忙しいなか、生きものたちのおしゃべりが聞こえてきそうな、温かみのあるサンゴ礁微地形の模式図を描いていただきました。魚の方名一覧の学名の確認については、下瀬環氏と小林大純氏（琉球大学大学院理工学研究科）の協力を得ました。また、琉球大学大学院理工学研究科の水山克氏、國島大河氏、福地伊芙映氏には、ブダイ科などの口絵写真の提供協力をいただきました。

なお、本書の出版は、平成二九年度「琉球大学研究成果公開（学術図書等刊行）促進経費」の助成を受けました。ここに明記して、感謝いたします。

かねてから、海と生きてきた人びとをテーマとする、私の博士論文をまとめた書籍を出版するときは、大学院生だったころに参加したカツオ・かつお節研究会（トヨタ財団研究助成、代表：宮内泰介「カツオ・かつお節の生産―流通―消費をめぐる日本とアジア・太平洋――過去から現在へ」）の出版物『カツオとかつお節の同時代史――ヒトは南へ、モノは北へ』（二〇〇四年）でお世話になったコモンズの大江正章さんにお願いしたいと思ってきました。大江さんとは、その後、大江さんらが代表理事をされているアジア太平洋資料センター（ＰＡＲＣ）の月刊誌『オルタ』の追悼鶴見良行特集号（二〇〇四年）に、光栄にも若手として寄稿を推薦いただいた際にも、編集のお世話になりました。

アジアの「辺境」に生きる人びとの暮らしがいかに私たちの生きるグローバル社会と結びついているのかを、生産現場を歩き、見て、考えた鶴見さんのまなざしを私も追いかけたいという、憧れと意気込みが詰まった拙稿に、大江さんは「あなたが博士論文を出版するときはお手伝いしますよ」と、優しくおっしゃいました。そのことを大江さんが覚えていてくださったかは定かではありませんが、一〇年ぶりの突然の電話にもかかわらず、数日後に締め切りの迫った出版助成申請の相談に乗ってくださり、快く出版を引き受けてくださいました。短い時間での書類作成やタイトな編集スケジュールなど、ご無理とご苦労をおかけしてしまったことを申し訳なく思います。私にとって初めての単著となる本書を、生産現場の方の声を大切にしてこられた大江さんに編集いただけたことに、たいへん感謝いたします。

二〇一七年春より、伊良部漁協から声を掛けていただき、島にお世話になった仲間らと一緒に、佐良浜の人びとが海と共に生きてきた歴史や文化を島の子どもたちへ伝える取り組みのお手伝いを始めました。島外出身の学生だった私が、海に生きる素潜り漁師さんの生き様に惹かれ、弟子入りしながら学んだ技と知識の記録をとおして、島の未来に向けて少しでも恩返しできれば、とてもうれしく思います。

最後に、人生の岐路に立ったたびに、いつも私の決断を信じて見守ってくれた父と母へ感謝の気持ちをこめて、この本を捧げます。

二〇一八年一月吉日

高橋　そよ

〈初出一覧〉

序　章　書き下ろし

第1章　高橋そよ「『楽園』の島シアミル」(二〇〇四)宮内泰介・藤林泰編著『カツオとかつお節の同時代史――ヒトは南へ、モノは北へ』コモンズ、一八〇～一九六ページ。

第2章　高橋そよ「沖縄・佐良浜における素潜り漁師の地形認識――漁場をめぐる「地図」を手がかりとして」(二〇〇三)『生態人類学会ニュースレター』第九号、生態人類学会、二〇～二二ページ。

高橋そよ「沖縄・佐良浜における素潜り漁師の漁場認識――漁場をめぐる「地図」を手がかりとして」(二〇〇四)『エコソフィア』第一四号、昭和堂、一〇一～一一九ページ。

高橋そよ「魚名からみる自然認識――沖縄・伊良部島における素潜り漁師の漁撈活動を事例に」(二〇一四)『地域研究』第一三号、沖縄大学地域研究所、六七～九四ページ。

第3章　高橋そよ「サンゴ礁と共に生きる知恵～素潜り漁師の民俗知識と漁撈活動～」(二〇一八)宮古の自然と文化を考える会編『宮古の自然と文化 第四集』新星出版、六八～一〇一ページ。

第4章　高橋そよ「サンゴ礁資源をめぐる取引慣行とリスク回避――沖縄・佐良浜の事例から」(二〇〇五)『生態人類学会ニュースレター』第一一号、生態人類学会、二～四ページ。

第5章　高橋そよ「〝ヤギの眠る海〟で漁をする――沖縄・佐良浜漁民の漁撈活動と自然認識について」(二〇〇二)『生態人類学会ニュースレター』第八号、生態人類学会、四～五ページ。

終　章　書き下ろし

索　引

①「地名」「事項」「海洋生物」に分けて掲載した。
②頻出する用語は、主な箇所にしぼって掲載した。
③「地名」のうち、本書の対象地域である〈伊良部島〉〈佐良浜〉は頻出するため掲載していない。
④「事項」のうち、〈漁法〉や〈漁撈〉〈仲買い〉など頻出する用語は掲載していない。
⑤カッコ内(→)は「その項を見よ」、カッコ内(†)は「その項も参照せよ」を意味する。

地名索引

事項索引

あ行

か行

や行

ら行

海洋生物索引

ア行

カ行

サ行

附表　魚の方名(沖縄・伊良部島佐良浜地区)

科　名	和　名	学　名	方名(佐良浜)
トビエイ科	ウシバナトビエイ	*Rhinoptera javanica* Müller and Henle, 1841	ス・ダク
ニシン科	ミズン	*Herklotsichthys quadrimaculatus* (Rüppell, 1837)	カー・ミジュヌ
	ヤマトミズン	*Amblygaster leiogaster* (Valenciennes, 1847)	ミジュヌ
イットウダイ科	アカマツカサ	*Myripristis berndti* Jordan and Evermann, 1903	フッ・ミ・アカ・ィユ
	アオスジエビス	*Sargocentron tiere* (Allen & Erdmann, 1829)	ハスナガ
	イットウダイ	*Sargocentron spinosissimum* (Temminck and Schlegel, 1844)	イスィ・アカ・ィユ
	クラカケエビス	*Sargocentron caudimaculatum* (Rüppell, 1838)	イスィ・アカ・ィユ
	スミツキカノコ	*Sargocentron melanospilos* (Bleeker, 1858)	スス・マイ・アカ・ィユ
	ツマグロマツカサ	*Myripristis adusta* Bleeker, 1853	フッ・ミ・アカ・ィユ
	トガリエビス	*Sargocentron spiniferum* (Forsskål, 1775)	ハスナガ
	ハナエビス	*Sargocentron ensiferum* (Jordan and Evermann, 1903)	フス・マイ・アカ・ィユ
ヤガラ科	アオヤガラ	*Fistularia commersonii* Rüppell, 1838	ヒー・フツ
	ヘラヤガラ	*Aulostomus chinensis* (Linnaeus, 1758)	カタナ・ジャヤー
ヨウジウオ科	オイランヨウジ	*Doryrhamphus dactyliophorus* (Bleeker, 1853)	イン・バウ
	タツノオトシゴ属の一種*1	*Hippocampus* spp.	イン・ヌ・ヌゥマ・ガマ
ボラ科	ボラ科の一種*2	Mugilidae gen. and sp.	ブラ
トウゴロウイワシ科	ヤクシマイワシ	*Atherinomorus lacunosus* (Forster, 1801)	ハダラー
トビウオ科	ツマリトビウオ	*Parexocoetus brachypterus* (Richardson, 1846)	トッビュ
ダツ科	オキザヨリ	*Tylosurus crocodilus crocodilus* (Péron and Lesueur, 1821)	スッズー
	リュウキュウダツ	*Strongylura incisa* (Valenciennes, 1846)	スッズー
ハタ科	アオノメハタ	*Cephalopholis argus* Bloch and Schneider, 1801	ガラサ・ニバラ
	アカオビハナダイ	*Pseudanthias rubrizonatus* (Randall, 1983)	イスィ・ガナマラ
	アカハタ	*Epinephelus fasciatus* (Forsskål, 1775)	ミッダマイ
	アカマダラハタ	*Epinephelus fuscoguttatus* (Forsskål, 1775)	アラ・ニバラ
	イシガキハタ	*Epinephelus hexagonatus* (Forster, 1801)	グー・ニバラ

ハタ科	オオアオノメアラ	*Plectropomus areolatus* (Rüppell, 1830)	アカ・ディン・ニバラ
	オオモンハタ	*Epinephelus areolatus* (Forsskål, 1775)	タク・ノ・バン・ニバラ
	オジロバラハタ	*Variola albimarginata* Baissac, 1953	ブナガ
	カスリハタ	*Epinephelus tukula* Morgans, 1959	アラ・ニバラ
	キンギョハナダイ	*Pseudanthias squamipinnis* (Peters, 1855)	イスィ・ガナマラ
	クロハタ	*Aethaloperca rogaa* (Forsskål, 1775)	ジャグ・ヌ・バン・ニバラ
	コクハンアラ	*Plectropomus laevis* (Cuvier, 1801)	アヤ・アカ・ディン・ニバラ
	サラサハタ	*Chromileptes altivelis* (Valenciennes, 1828)	ナガ・ウツ・ニバラ
	シマハタ	*Cephalopholis igarashiensis* Katayama, 1957	ジャグ・ヌ・バン・ニバラ
	スジアラ	*Plectropomus leopardus* (Cuvier, 1802)	アカ・ディン・ニバラ
	ナミハタ	*Epinephelus ongus* (Bloch, 1790)	ユズィ・ニバラ
	ニジハタ	*Cephalopholis urodeta* (Forster, 1801)	アカ・ニバラ
	ハナゴイ	*Pseudanthias pascalus* (Jordan and Tanaka, 1927)	アウ・ッズ・ガマ
	バラハタ	*Variola louti* (Forsskål, 1775)	ブナガ
	ヒトミハタ	*Epinephelus tauvina* (Forsskål, 1775)	ナガ・ウツ・ニバラ
	マダラハタ	*Epinephelus polyphekadion* (Bleeker, 1849)	ユズィ・ニバラ
	ミナミハナダイ＊3	*Luzonichthys waitei* (Fowler, 1931)	アウ・ッズ・ガマ
	ユカタハタ	*Cephalopholis miniata* (Forsskål, 1775)	ジャグ・ヌ・バン・ニバラ
テンジクダイ科	リュウキュウヤライイシモチ	*Cheilodipterus macrodon* Cuvier, 1802	イシィダ
アジ科	カスミアジ	*Caranx melampygus* Allen & Erdmann, 1833	プン
	ツムブリ	*Elagatis bipinnulata* (Quoy and Gaimard, 1824)	ヤマト・ナガ・ィユ
	メアジ	*Selar crumenophthalmus* (Bloch, 1793)	ガツヌ
	ロウニンアジ	*Caranx ignobilis* (Forsskål, 1775)	プン
	イケカツオ	*Scomberoides lysan* (Forsskål, 1775)	ヤイ・ヒャール
	コガネシマアジ	*Gnathanodon speciosus* (Forsskål, 1775)	ガーラ
フエダイ科	アオチビキ	*Aprion virescens* Valenciennes, 1830	アウ・マツ
	ホホスジタルミ	*Macolor macularis* Fowler, 1931	タカジュ
	マダラタルミ	*Macolor niger* (Forsskål, 1775)	タカジュ
	アミメフエダイ	*Lutjanus decussatus* (Allen & Erdmann, 1828)	アカ・ンチャ
	イッテンフエダイ	*Lutjanus monostigma* (Allen & Erdmann, 1828)	アカ・ンチャ
	オオヒメ	*Pristipomoides filamentosus* (Valenciennes, 1830)	アカ・マツ
	オキフエダイ	*Lutjanus fulvus* (Forster, 1801)	アカ・ンチャ

フエダイ科	ゴマフエダイ	*Lutjanus argentimaculatus* (Forsskål, 1775)	アカ・ンチャ
	ニセクロホシフエダイ	*Lutjanus fulviflamma* (Forsskål, 1775)	ハー・ヌ・アイ・アカ・ンチャ
	ハチジョウアカムツ*4	*Etelis carbunculus* Allen & Erdmann, 1828	アカ・マツ
	ハナフエダイ	*Pristipomoides argyrogrammicus* (Valenciennes, 1831)	アカ・マツ
	ハマダイ	*Etelis coruscans* Valenciennes, 1862	アカ・マツ
	バラフエダイ	*Lutjanus bohar* (Forsskål, 1775)	アカ・イラウツ
	ヒメダイ	*Pristipomoides sieboldii* (Bleeker, 1857)	ミッブ
	ヒメフエダイ	*Lutjanus gibbus* (Forsskål, 1775)	ミミジャー
	ヨコフエダイ	*Lutjanus malabaricus* (Schneider, 1801)	アカ・ンチャ
	ロクセンフエダイ	*Lutjanus quinquelineatus* (Bloch, 1790)	アカ・ンチャ
タカサゴ科	ウメイロモドキ	*Caesio teres* Seale, 1906	アウ・ガナマラ
	クマザサハナムロ	*Pterocaesio tile* (Cuvier, 1830)	ウクー
	ササムロ	*Caesio caerulaurea* Cuvier, 1801	ヘラー
	タカサゴ(大きいもの)	*Pterocaesio digramma* (Bleeker, 1865)	フゥーイ・ゥズ
	ハナタカサゴ	*Caesio lunaris* (Allen & Erdmann, 1830)	ハー・ゥズ
	ユメウメイロ	*Caesio cuning* (Bloch, 1791)	イナウ・アウ・ガナマラ
イサキ科	アジアコショウダイ	*Plectorhinchus picus* (Allen & Erdmann, 1828)	アナ・グル
	アヤコショウダイ	*Plectorhinchus lineatus* (Linnaeus, 1758)	アカ・ハイヴァカマ
	クロコショウダイ	*Plectorhinchus gibbosus* (Cuvier, 1802)	アナ・グル
	チョウチョウコショウダイ	*Plectorhinchus chaetodonoides* Cuvier, 1801	フフ・ハイヴァカマ
	ムスジコショウダイ	*Plectorhinchus diagrammus* (Linnaeus, 1758)	アヤ・ハイヴァカマ
イトヨリダイ科	イトタマガシラ	*Pentapodus nagasakiensis* (Tanaka, 1915)	サダミ
	キツネウオ	*Pentapodus caninus* (Allen & Erdmann, 1830)	サダミ
	ヒトスジタマガシラ	*Scolopsis monogramma* (Allen & Erdmann, 1830)	イナウ・サダミ
	フタスジタマガシラ	*Scolopsis bilineata* (Bloch, 1793)	イナウ・サダミ
	ヨコシマタマガシラ	*Scolopsis lineata* Quoy and Gaimard, 1824	トゥルン
タイ科*5	ナンヨウチヌ	*Acanthopagrus pacificus* Iwatsuki, Kume and Yoshino, 2010	ツン
	ミナミクロダイ	*Acanthopagrus sivicolus* Akazaki, 1962	ツン
フエフキダイ科	アマミフエフキ	*Lethrinus miniatus* (Forster, 1801)	フツナズ
	オオフエフキ	*Lethrinus microdon* Valenciennes, 1830	アカ・ウツ・マーユ

フエフキダイ科	アマクチビ	*Lethrinus erythracanthus* Valenciennes, 1830	マングル・プタイ
	アミフエフキ	*Lethrinus semicinctus* Valenciennes, 1830	フツナズ
	イソフエフキ	*Lethrinus atkinsoni* Seale, 1910	フツナズ
	キツネフエフキ	*Lethrinus olivaceus* Valenciennes, 1830	ナガ・ウツ・マーユ
	シモフリフエフキ	*Lethrinus lentjan* (Cuvier, 1802)	ナガ・ウツ・マーユ
	シロダイ	*Gymnocranius euanus* (Günther, 1879)	ッス・ィユ
	タマメイチ	*Gymnocranius satoi* Brosa, Béarez, Paijo and Chen, 2013	ッス・ィユ
	ナガメイチ	*Gymnocranius microdon* (Bleeker, 1851)	マーユ
	ノコギリダイ	*Gnathodentex aureolineatus* (Cuvier, 1802)	ンミサッビ
	ハナフエフキ	*Lethrinus ornatus* Valenciennes, 1830	フツナズ
	ハマフエフキ	*Lethrinus nebulosus* (Forsskål, 1775)	マーユ
	ホオアカクチビ	*Lethrinus rubrioperculatus* Sato, 1978	アカ・ウツ・マーユ
	ムネアカクチビ	*Lethrinus xanthochilus* Klunzinger, 1870	アカ・ウツ・マーユ
	メイチダイ	*Gymnocranius griseus* (Temminck and Schlegel, 1844)	タイミー
	ヨコシマクロダイ	*Monotaxis grandoculis* (Forsskål, 1775)	タイミー
ヒメジ科	アカヒメジ	*Mulloidichthys vanicolensis* (Valenciennes, 1831)	アカ・イジャン
	ウミヒゴイ	*Parupeneus chrysopleuron* (Temminck and Schlegel, 1844)	アカ・イジャン
	オオスジヒメジ*6	*Parupeneus barberinus* (Cuvier, 1801)	ナガ・ウツ・イジャン
	オジサン	*Parupeneus multifasciatus* (Quoy and Gaimard, 1825)	ウツナー・ヌーラ
	コバンヒメジ	*Parupeneus indicus* (Shaw, 1803)	ウスン・パンカ
	タカサゴヒメジ	*Parupeneus heptacanthus* (Cuvier, 1801)	オジサン
	マルクチヒメジ	*Parupeneus cyclostomus* (Cuvier, 1801)	アウ・スマ・ムイ・カタカス
	モンツキアカヒメジ	*Mulloidichthys flavolineatus* (Cuvier, 1801)	スサ・ガタカス
	ヨメヒメジ	*Upeneus tragula* Richardson, 1846	イジャン
	リュウキュウアカヒメジ	*Mulloidichthys pflugeri* (Steindachner, 1900)	イジャン
	リュウキュウヒメジ	*Parupeneus pleurostigma* (Bennett, 1831)	ウツナー・ヌーラ
チョウチョウウオ科	オニハタタテダイ	*Heniochus monoceros* Allen & Erdmann, 1831	マラウイ・カビッチャ
	カスミチョウチョウウオ	*Hemitaurichthys polylepis* (Bleeker, 1857)	シンブン
	ハナグロチョウチョウウオ	*Chaetodon ornatissimus* Allen & Erdmann, 1831	マラウイ・カビッチャ
	ヤリカタギ	*Chaetodon trifascialis* Quoy and Gaimard, 1824	マラウイ・カビッチャ

キンチャクダイ科	サザナミヤッコ	*Pomacanthus semicirculatus* (Allen & Erdmann, 1831)	ゴーゴー・カビッチャ
	ロクセンヤッコ	*Pomacanthus sexstriatus* (Allen & Erdmann, 1831)	ゴーゴー・カビッチャ
	ミナミキントキ	*Priacanthus sagittarius* Starnes, 1988	デンキ・ミー
ゴンベ科	ホシゴンベ	*Paracirrhites forsteri* (Schneider, 1801)	ミタイ・ニバラ
スズメダイ科	アマミスズメダイ	*Chromis chrysura* (Bliss, 1883)	ブッジャー
	オヤビッチャ	*Abudefduf vaigiensis* (Quoy and Gaimard, 1825)	タナンラ
	キホシスズメダイ	*Chromis yamakawai* Iwatsubo and Motomura, 2013	フフ・ビツ
	クラカオスズメダイ	*Amblyglyphidodon curacao* (Bloch, 1787)	フッヴァイ・アウ・ビツ
	タカサゴスズメダイ	*Chromis weberi* Fowler and Bean, 1928	ガラサ・ビツ
	デバスズメダイ	*Chromis viridis* (Allen & Erdmann, 1830)	アウ・ビツ
	ナミスズメダイ	*Amblyglyphidodon leucogaster* (Bleeker, 1847)	フッヴァイ・ビツ
	モンスズメダイ	*Chromis xanthura* (Bleeker, 1854)	ガラサ・ビツ
	ルリスズメダイ	*Chrysiptera cyanea* (Quoy and Gaimard, 1825)	アウ・ビィー
	ルリホシスズメダイ	*Plectroglyphidodon lacrymatus* (Quoy and Gaimard, 1825)	クルキャ
	レモンスズメダイ	*Chrysiptera rex* (Snyder, 1909)	アカ・ビィー
	ロクセンスズメダイ	*Abudefduf sexfasciatus* (Cuvier, 1801)	タナンラ
イシダイ科	イシガキダイ	*Oplegnathus punctatus* (Temminck and Schlegel, 1844)	ガラサ・ミーバイ
イスズミ科	イスズミ	*Kyphosus vaigiensis* (Quoy and Gaimard, 1825)	アカ・ババ
	テンジクイサキ	*Kyphosus cinerascens* (Forsskål, 1775)	フフ・ババ
	ミナミイスズミ	*Kyphosus pacificus* Sakai and Nakabo, 2004	アカ・ババ
ツバメコノシロ科	ツバメコノシロ	*Polydactylus plebeius* (Broussonet, 1782)	ダー・ナガ・ィユ
ベラ科	アカオビベラ	*Stethojulis bandanensis* (Bleeker, 1851)	ムー・ヌ・ゥズ
	オビテンスモドキ	*Novaculichthys taeniourus* (Cuvier, 1801)	アカ・ミー・プッル
	ギチベラ	*Epibulus insidiator* (Pallas, 1770)	ンタグルキャ
	キツネベラ	*Bodianus bilunulatus* (Cuvier, 1802)	アマン・ファヤ
	クギベラ	*Gomphosus varius* Cuvier, 1801	ヒーダキ・フキャー
	クロヘリイトヒキベラ(オス)	*Cirrhilabrus cyanopleura* (Bleeker, 1851)	インドゥヤン・イラウツ
	シチセンベラ	*Choerodon fasciatus* (Günther, 1867)	アッヴァミ・ヌ・ゥズ

ベラ科	シロクラベラ	*Choerodon schoenleinii* (Valenciennes, 1839)	マクブ
	セナスジベラ	*Thalassoma hardwicke* (Bennett, 1828)	アウスン
	タレクチベラ	*Hemigymnus melapterus* (Bloch, 1791)	スヴァッタイ
	トカラベラ(オス)	*Halichoeres hortulanus* (Cuvier, 1801)	ヌブサ
	ブチススキベラ	*Anampses caeruleopunctatus* Rüppell, 1829	アヤ・ヌブサ
	メガネモチノウオ	*Cheilinus undulatus* Rüppell, 1835	ヒロシ
ブダイ科	アオブダイ(オス)	*Scarus ovifrons* Temminck and Schlegel, 1846	フフ・イラウツ
	アミメブダイ(メス)	*Scarus frenatus* Cuvier, 1802	アカ・アヤ・ガニ
	イチモンジブダイ(オス)	*Scarus forsteni* (Bleeker, 1861)	ジュンサ・イラウツ
	イチモンジブダイ(メス)	*Scarus forsteni* (Bleeker, 1861)	ンナカ・ピーキャ
	イロブダイ(メス)	*Cetoscarus ocellatus* (Valenciennes, 1840)	フフ・ヌイ
	オオモンハゲブダイ	*Chlorurus bowersi* (Snyder, 1909)	アカ・ガマッチャ
	オビブダイ(オス)	*Scarus schlegeli* (Bleeker, 1861)	ウヤキ・イラウツ
	カメレオンブダイ	*Scarus chameleon* Choat and Randall, 1986	アウ・ツゥーパ
	カワリブダイ(メス)	*Scarus dimidiatus* Bleeker, 1859	アカ・アヤ・ガニ
	キツネブダイ	*Hipposcarus longiceps* (Valenciennes, 1840)	ブータ
	カンムリブダイ(クジラフッタイ)	*Bolbometopon muricatum* (Valenciennes, 1840)	クジラッ・ブッダイ
	シロオビブダイ	*Scarus spinus* (Kner, 1868)	オーム・イラウツ
	スジブダイ	*Scarus rivulatus* Valenciennes, 1840	アカ・ガマッチャ
	ダイダイブダイ	*Scarus globiceps* Valenciennes, 1840	スサ・バツゥ
	タイワンブダイ	*Calotomus carolinus* (Valenciennes, 1840)	ハイガサ・イラウツ
	ナガブダイ(オス)	*Scarus rubroviolaceus* Bleeker, 1847	ナガ・ウタヤ
	ナガブダイ(メス)	*Scarus rubroviolaceus* Bleeker, 1847	アカ・ヌイ
	ナンヨウブダイ	*Chlorurus microrhinos* (Bleeker, 1854)	アウ・バツゥ／ビキ・バツゥ
	ニシキブダイ(メス)	*Scarus prasiognathos* Valenciennes, 1840	フフ・スサ・バツゥ
	ハゲブダイ(メス)	*Chlorurus sordidus* (Forsskål, 1775)	アカ・バ・イラウツ
	ヒブダイ(メス)	*Scarus ghobban* Forsskål, 1775	アカ・ザシュフ
	ヒメブダイ(メス)	*Scarus oviceps* Valenciennes, 1840	アカ・アヤ・ガニ
	ブチブダイ	*Scarus niger* Forsskål, 1775	ブイヤツ・イラウツ
	ミゾレブダイ	*Leptoscarus vaigiensis* (Quoy and Gaimard, 1825)	ムー・ヌ・イラウツ
	レモンブダイ	*Scarus quoyi* Valenciennes, 1840	スサ・バツゥ
トラギス科	オグロトラギス	*Parapercis pacifica* Imamura and Yoshino, 2007	ヤージュマ・ゥズ
ハゼ科	アカハチハゼ	*Valenciennea strigata* (Broussonet, 1782)	タバコ・フキャー

マンジュウダイ科	ツバメウオ	*Platax teira* (Forsskål, 1775)	ウツビラ
	ナンヨウツバメウオ	*Platax orbicularis* (Forsskål, 1775)	ウツビラ
アイゴ科	アミアイゴ(幼魚)	*Siganus spinus* (Linnaeus, 1758)	ハラフニャー
	サンゴアイゴ	*Siganus corallinus* (Valenciennes, 1835)	フッヴァイ・アカ・アイ
	アイゴ(シモフリアイゴ型)*7	*Siganus fuscescens* (Houttuyn, 1782)	ミャーン
	セダカハナアイゴ	*Siganus woodlandi* Randall and Kulbicki, 2005	アカ・バニ・ャーイ
	ハナアイゴ	*Siganus argenteus* (Quoy and Gaimard, 1825)	アウ・アイ
	ヒフキアイゴ	*Siganus unimaculatus* (Evermann and Seale, 1907)	ナガ・ウツ・アカ・アイ
	ヒメアイゴ	*Siganus virgatus* (Valenciennes, 1835)	フッヴァイ・アカ・アイ
	マジリアイゴ	*Siganus puellus* (Schlegel, 1852)	ナガ・ウツ・アカ・アイ
	ゴマアイゴ	*Siganus guttatus* (Bloch, 1787)	ヤド・アイ
ニザダイ科	オニテングハギ	*Naso brachycentron* (Valenciennes, 1835)	ヌーマ・マスゥ
	クログチニザ	*Acanthurus pyroferus* Kittlitz, 1834	アカ・バン・クースキャ
	クロハギ	*Acanthurus xanthopterus* Valenciennes, 1835	トゥカジャ
	クロモンツキ	*Acanthurus nigricauda* Duncker and Mohr, 1929	イナウ・クースキャ
	ゴマニザ	*Acanthurus guttatus* Forster, 1801	サミ・ユラ
	ゴマハギ	*Zebrasoma scopas* (Allen & Erdmann, 1829)	サミ・ユラ
	サザナミトサカハギ	*Naso vlamingii* (Valenciennes, 1835)	マスゥ
	サザナミハギ	*Ctenochaetus striatus* (Quoy and Gaimard, 1824)	スバタラ
	シマハギ	*Acanthurus triostegus* (Linnaeus, 1758)	サータ・ニニムヤ
	スジクロハギ	*Acanthurus leucopareius* (Jenkins, 1903)	サミ・ユラ
	ツマリテングハギ	*Naso brevirostris* (Valenciennes, 1835)	ウンパン・マスゥ
	テングハギ	*Naso unicornis* (Forsskål, 1775)	マブユ
	テングハギモドキ	*Naso hexacanthus* (Bleeker, 1855)	マスゥ
	ナンヨウハギ	*Paracanthurus hepatus* (Linnaeus, 1758)	アウ・ユラ
	ニザダイ	*Prionurus scalprum* Valenciennes, 1835	カーミ
	ニジハギ	*Acanthurus lineatus* (Linnaeus, 1758)	ツングー
	ニセカンランハギ	*Acanthurus dussumieri* Valenciennes, 1835	イナウ・クースキャ
	ヒメテングハギ	*Naso annulatus* (Quoy and Gaimard, 1824)	ツノ・マスゥ

ニザダイ科	ヒラニザ	*Acanthurus mata* (Allen & Erdmann, 1829)	トゥカジャ
	ヒレナガハギ	*Zebrasoma veliferum* (Bloch, 1795)	ビッビャ
	ミヤコテングハギ	*Naso lituratus* (Forster, 1801)	アカ・ジュウ・ガーミ
	メガネクロハギ	*Acanthurus nigricans* (Linnaeus, 1758)	アカ・ユラ
	モンツキハギ	*Acanthurus olivaceus* Bloch and Schneider, 1801	アカ・バン・クースキャ
マカジキ科	クロカジキ	*Makaira nigricans* Lacepède, 1802	ヴァレン
カマス科	オニカマス	*Sphyraena barracuda* (Edwards, 1771)	チクルゥ
	オオヤマトカマス *8	*Sphyraena africana* Gilchrist and Thompson, 1909	アカ・バン・カマサー
タチウオ科	タチウオ	*Trichiurus japonicus* Temminck and Schlegel, 1844	ホオチョウ
サバ科	カツオ(大きいもの)	*Katsuwonus pelamis* (Linnaeus, 1758)	ダイバン
	カマスサワラ	*Acanthocybium solandri* (Allen & Erdmann, 1831)	サーラ
	キハダ	*Thunnus albacares* (Bonnaterre, 1788)	シュビ
	クサヤモロ	*Decapterus macarellus* (Allen & Erdmann, 1833)	ユッル
	グルクマ	*Rastrelliger kanagurta* (Allen & Erdmann, 1817)	ビークン
	スマ	*Euthynnus affinis* (Cantor, 1849)	ウブシュー
	ホシカイワリ	*Carangoides fulvoguttatus* (Forsskål, 1775)	アヤ・アジ
ヒラメ科	テンジクガレイ	*Pseudorhombus arsius* (Hamilton, 1822)	スサ
モンガラカワハギ科	アオスジモンガラ *9	*Xanthichthys caeruleolineatus* Randall, Matsuura and Zama, 1978	ジキラ
	アカモンガラ	*Odonus niger* (Rüppell, 1835)	マジラク
	イソモンガラ	*Pseudobalistes fuscus* (Bloch and Schneider, 1801)	アウ・ジキラ
	キヘリモンガラ	*Pseudobalistes flavimarginatus* (Rüppell, 1829)	ジキラ
	ムラサメモンガラ	*Rhinecanthus aculeatus* (Linnaeus, 1758)	フフビ
	モンガラカワハギ	*Balistoides conspicillum* (Bloch and Schneider, 1801)	クブシミャ・ヌ・ンマ・ヌ・フフビ
カワハギ科	アザミカワハギ *10	*Amanses scopas* (Allen & Erdmann, 1829)	ウルゥス・ブラ
	ソウシハギ	*Aluterus scriptus* (Osbeck, 1765)	サンスナ
	テングカワハギ	*Oxymonacanthus longirostris* (Bloch and Schneider, 1801)	カーニン
	ハクセイハギ	*Cantherhines dumerilii* (Hollard, 1854)	ウルゥス・ブラ
ハコフグ科	クロハコフグ	*Ostracion meleagris* Shaw, 1796	クータンマ
	ミナミハコフグ	*Ostracion cubicus* (Linnaeus, 1758)	クータンマ

フグ科	ネズミフグ	*Diodon hystrix* (Linnaeus, 1758)	アウ・バニ・ットゥトゥ
	ハリセンボン	*Diodon holocanthus* (Linnaeus, 1758)	ナガ・ツゥーズ・ットゥトゥ
	ヒトヅラハリセンボン	*Diodon liturosus* Shaw, 1804	アカ・バニ・ットゥトゥ

(注1) 魚名については次の文献を参照し、中坊徹次編(2013)『日本産魚類検索 第三版』(東海大学出版部)に基づき学名を変更した。また、方言採集種のうち琉球列島に産しないと考えられるものについてはリストから除外した。多紀保彦・河野博・坂本一男・細谷和海監修(2005)『新訂 原色魚類大図鑑』北隆館。横井謙典(1989)『方言で調べる沖縄の魚図鑑』沖縄出版。

(注2) 2008年以降の学名変更の確認は、日本魚類学会の学名変更リストを参照した(http://www.fish-isj.jp/info/list_rename.html)

以下に、学名を確認してもらった魚類研究者の小林大純氏(琉球大学大学院理工学研究科)のコメントを参考までに合わせて付す。

*1 聞き取りの際は、タツノオトシゴ *Hippocampus coronatus* (Temminck and Schlegel, 1847)の画像を用いたが、琉球列島には分布しないため、オオウミウマ *Hippocampus kelloggi* (Jordan and Snyder, 1901)もしくはクロウミウマ *Hippocampus kuda* (Bleeker, 1852)であると思われる。

*2 方言採集時に用いた図鑑の和名はフウライボラ *Crenimugil crenilabis* (Forsskål, 1775)。画像はコボラ *Chelon macrolepis* (Smith, 1849)と思われたため、表記は科のレベルにとどめた。

*3 図鑑を用いた聞き取り調査で方名を得られたが、日本では伊豆諸島や小笠原諸島などから記録されているものの、琉球列島からの記録はない。ただし、フィリピンのルソン島をはじめとする西太平洋に広く分布し、分布の可能性自体は否定できないため、収録した。

*4 本種は石垣島などで形態の異なる2型が水揚げされており、それぞれ別種であると考えられているが(下瀬環私信)、区別せずに扱った。

*5 聞き取りの際は，クロダイ *Acanthopagrus schlegelii* (Bleeker, 1854)の画像についても同様の方言が得られているが、本種は琉球列島に分布しないため除外した。なお、琉球列島からは本科魚類が4種知られているが、各種の正確な分布は不明な点が多く、伊良部島においても今後正確な種と方言の検討が必要である.

*6 本種は沖縄島や奄美大島などでは形態の異なる2型が水揚げされることが知られるが(台湾国立海洋生物博物館小枝圭太私信)、区別せずに扱った。

*7 本種は従来アイゴとシモフリアイゴの2種として扱われていたが、近年両者は遺伝学的に同種とされて統合され、それぞれ種内の2型とされた。聞き取りの際に用いた画像はシモフリアイゴ型のものであり、実際に伊良部島からは本型の標本が得られている。

*8 聞き取りに用いた図鑑ではヤマトカマス *Sphyraena japonica* (Bloch and Schneider, 1801)の画像を用いたが，本種は本州・大陸沿岸に分布する種であるため、ここではオオヤマトカマスとして扱った。

*9 琉球列島では伊江島からのみ記録があり、水深50m以深に生息する。

*10 標本に基づく琉球列島からの記録は、加計呂麻島、西表島からのみ知られる。

〈参考文献〉

赤嶺政信(1991)「沖縄の祖霊信仰――その若干の問題点」『沖縄文化研究』第17号、137～170ページ。

秋道智彌(2006)「トロカス・コネクション――西部太平洋におけるサンゴ礁資源管理の生態史」印東道子(編著)『環境と資源利用の人類学――西太平洋諸島の生活と文化』明石書店、15～35ページ。

秋道智彌(2016)『サンゴ礁に生きる海人――琉球の海の生態民族学』榕樹書林。

飯田卓(2001)「マダガスカル南西海岸部における漁家経済と農家経済：生業と食生活の分析から」『アフリカ研究』第57号、37～54ページ。

五十嵐忠孝(1977)「トカラ列島漁民の“ヤマアテ”――伝統的漁撈活動における位置測定」渡辺仁・人類学講座編纂委員会(編)『生態(人類学講座12)』雄山閣出版、139～161ページ。

石川登(2004)「歴史のなかのグローバリゼーション：ボルネオ北部の植民地期と現代にみる労働のかたち(〈特集〉人類学の歴史研究の再検討)」『文化人類学』第69巻第3号、412～436ページ。

石原昌家(2000)『空白の沖縄社会史――戦果と密貿易時代』晩聲社。

伊谷原一(1990)「沖縄県北部伊是名島のモズク養殖活動」『沖縄民俗研究』第10号、37～55ページ。

市川光雄(1978)「宮古群島大神島における漁撈活動――民族生態学的研究」加藤泰安・中尾佐助・梅棹忠夫(編)『探検 地理 民族誌』中央公論社、495～533ページ。

今村薫(1989)「石垣島における漁民の妻の社会的役割――ウキジュ関係を手がかりとして」『季刊人類学』第20巻第3号、129～186ページ。

伊良部村史編纂委員会(編)(1978)『伊良部村史』伊良部村役場。

伊良部町統計課(1972～2000)『伊良部町統計』伊良部村(町)役場。

伊良部町統計課(2004)『伊良部町統計』伊良部町役場。

煎本孝(1996)『文化の自然誌』東京大学出版会。

上田不二夫(1995)『戦前期沖縄カツオ産業の展開構造』(鹿児島大学博士学位論文)。

沖縄朝日新聞社(編)(1986)『沖縄大観(復刻版)』月刊沖縄社(原著は1953年、日本通信社発行)。

沖縄県農林水産行政史編集委員会（編）（1983）『沖縄県農林水産行政史 第17巻 水産業資料編Ⅰ』農林統計協会。

沖縄県農林水産行政史編集委員会（編）（1985）『沖縄県農林水産行政史 第18巻 水産業資料編Ⅱ』農林統計協会。

笠原政治（1996）「〈池間民族〉考――宮古島嶼文化の個性と文化的個性の強調」『沖縄文化研究』第22号、497～565ページ。

片岡千賀之（1991）『南洋の日本人漁業』同文舘出版。

加藤真（1999）『日本の渚――失われゆく海辺の自然』岩波新書。

河合香吏（2002）「『地名』という知識――ドドスの環境認識論・序説」『遊牧民の世界（講座・生態人類学4）』17～85ページ。

河上肇（1911）「琉球糸満ノ個人主義的家族」『京都法学会雑誌』第6巻第9号、111～142ページ。

川端牧（1998）「民俗知識で彩られる魚――沖縄県糸満の女性による魚販売の事例から」『エコソフィア』2号、87～101ページ。

環境省（編）（2007）『平成19年度 環境循環型社会白書』。

北西功一（1992）「モズク養殖の導入にともなう労働組織・分配・労働観の変容――伊平屋島ウミンチュ社会の事例から」『沖縄民俗研究』第11号、1～32ページ。

金城宏（1977）「寄留商人に関する一考察――その特質と存立基盤」『沖縄国際大学商経論集』第5巻第2号、45～70ページ。

熊倉文子（1998）「海を歩く女たち――沖縄県久高島における海浜採集活動」篠原徹（編）『民俗の技術（現代民俗学の視点 第1巻）』朝倉書店、192～216ページ。

酒井一彦（1995）「いろいろな種類のサンゴの共存――サンゴ礁生物の多様性の基礎」西平守孝・酒井一彦・佐野光彦・土屋誠・向井宏『サンゴ礁――生物がつくった〈生物の楽園〉（共生の生態学5）』平凡社、15～80ページ。

佐藤仁（2002）『稀少資源のポリティクス――タイ農村にみる開発と環境のはざま』東京大学出版会。

佐野光彦（1995）「サンゴ礁魚類の多種共存にかかわる造礁サンゴの役割」西平守孝・酒井一彦・佐野光彦・土屋誠・向井宏『サンゴ礁――生物がつくった〈生物の楽園〉（共生の生態学5）』平凡社、81～118ページ。

篠原徹(2005)『自然を生きる技術――暮らしの民俗自然誌(歴史文化ライブラリー)』吉川弘文館。

島田周平(1999)「新しいアフリカ農村研究の可能性を求めて――ポリティカル・エコロジー論との交差から」池野旬(編)『アフリカ農村像の再検討』アジア経済研究所、205～254ページ。

島袋伸三(1983)「沖縄のサンゴ礁海域の地名」南島地名研究センター(編)『南島の地名 第1集』新星図書出版、42～46ページ〔谷川健一(編)(1990)『渚の民俗誌』三一書房、445～449ページに再録〕。

菅豊(2005)「在地社会における資源をめぐる安全管理――過去から未来へ向けて」松永澄夫編『環境――安全という価値は……』東信堂、66～100ページ。

杉村和彦(2004)『アフリカ農民の経済――組織原理の地域比較』世界思想社。

須藤健一(1978)「サンゴ礁海域における磯漁の実態調査中間報告2――石垣市登野城地区漁民社会の若干の分析」『国立民族学博物館研究報告』第3巻第3号、535～556ページ。

総務省統計局(2004)『平成16年度 家計調査年報』。

総務省統計局(2006)『平成17年 国勢調査』。

台湾引揚記編集委員会(編)(1986)『琉球官兵顛末記――沖縄県出身官兵等の台湾引揚げ記録』台湾引揚記刊行期成会。

高橋そよ(2000)「戦前期南洋かつお節生産移住経験者の聞き書きノート」宮内泰介(編)『カツオ・かつお節生産ー流通ー消費をめぐる日本とアジア・太平洋――過去から現在へ(1998年度トヨタ財団研究助成 研究報告書)』45～52ページ。

高橋そよ(2004a)「"楽園"の島シアミル」藤林泰・宮内泰介(編著)『カツオとかつお節の同時代史――ヒトは南へ、モノは北へ』コモンズ、180～196ページ。

高橋そよ(2004b)「沖縄・佐良浜における素潜り漁師の漁場認識:漁場をめぐる「地図」を手がかりとして」,『エコソフィア』第14号、101～119ページ。

高橋そよ(2014)「魚名からみる自然認識――沖縄・伊良部島の素潜り漁師の事例から」『地域研究(沖縄大学地域研究所紀要)』第13号、69～

94 ページ。
高橋そよ・渡久地健(2016)「山裾を縁どり暮らしに彩りを添えてきたサンゴ礁」大西正幸・宮城邦昌(編著)『シークヮーサーの知恵――奥・やんばるの「コトバ―暮らし―生きもの環」』京都大学学術出版会、67〜94 ページ。

高橋そよ(2018)「サンゴ礁と共に生きる知恵〜素潜り漁師の民俗知識と漁撈活動〜」宮古の自然と文化を考える会編『宮古の自然と文化第 4 集』新星出版、68〜101 ページ。

高橋達郎(1988)『サンゴ礁』古今書院。

高山佳子(1999)「伊良部島の海浜採集活動」『動物考古学』第 13 号、33〜72 ページ。

高良倉吉(1989)『琉球王国史の課題』ひるぎ社。

拓務省拓務局(1934)『英領北ボルネオ・タワオ地方事情』(『二〇世紀日本のアジア関係重要研究資料③単行図書資料 第 26 巻』収録)龍渓書舎。

竹川大介(1996)「沖縄糸満系漁民の進取性と環境適応――潜水追込漁アギヤーの分析をもとに」網野善彦・塚本学・坪井洋文・宮田登(編)『列島の文化史 10』日本エディタースクール出版部、75〜120 ページ。

竹川大介(2003)「実践知識を背景とした環境への権利:宮古島潜水業者と観光ダイバーの確執と自然観」『国立歴史民俗博物館研究報告』第 105 集、89〜122 ページ。

田中雅一(2006)「網子たちの実践と社会変化――スリランカ・タミル漁村の地曳網漁をめぐって」田中雅一・松田素二(編)『ミクロ人類学の実践――エイジェンシー/ネットワーク/身体』世界思想社、263〜315ページ。

田中雅一(2007)「貨幣と共同体――スリランカ・タミル漁村における負債の贈与的資源性をめぐって」春日直樹(責任編集)『貨幣と資源(資源人類学 5)』弘文堂、59〜107 ページ。

寺嶋秀明(1977)「久高島の漁撈活動――沖縄諸島の一沿岸漁村における生態人類学的研究」伊谷純一郎・原子令三(編)『人類の自然誌』雄山閣出版、167〜239 ページ。

寺嶋秀明(2001)「サンゴ礁のかなたをめざす海人たち」『エコソフィア』第 7 号、16〜21 ページ。

渡久地健(2011a)「サンゴ礁の環境認識と資源利用」湯本貴和(編)、田島

佳也・安渓遊地(責任編集)『島と森と海の環境史』文一総合出版、233〜259ページ。

渡久地健(2011b)「サンゴ礁の民俗分類の比較――奄美から八重山まで」安渓遊地・当山昌直(編)『奄美沖縄 環境史資料集成』南方新社、135〜184ページ。

渡久地健(2015)「南島歌謡に謡われたサンゴ礁の地形と海洋生物:「ペンガントゥーレ節」にかんする生態地理学ノート」『人間科学(琉球大学法文学部人間科学科紀要)』第32号、137〜160ページ。

渡久地健(2017)『サンゴ礁の人文地理学――奄美・沖縄、生きられる海と描かれた自然』古今書院。

渡久地健・高田普久男(1991)「小離島における空間認識の一側面(I)――久高島のサンゴ礁地形と民俗分類」『沖縄地理』第3号、1〜20ページ。

渡久地健・西銘史則(2013)「漁民のサンゴ礁漁場認識――大田徳盛氏作製の沖縄県南城市知念『海の地名図』を読む」『地理歴史人類学論集(琉球大学法文学部紀要人間科学別冊)(4)』77〜102ページ。

渡久地健・藤田喜久・中井達郎・長谷川均・高橋そよ(2016)「礁前面の凹地『カタマ』の漁場としての生物地形学的評価」『沖縄地理』第16号、1〜18ページ。

内閣府沖縄総合事務局農林水産部(2007)『第35次沖縄農林水産統計年報』内閣府沖縄総合事務局農林水産部統計調査課。

内藤直樹(1999)「『産業としての漁業』において人ー自然関係は希薄化したか――沖縄県久高島におけるパヤオを利用したマグロ漁の事例から」『エコソフィア』第4号、100〜118ページ。

内藤直樹(2003)「個人のこころみが支える生業変容――沖縄県久高島における生業活動の変遷の過程から」篠原徹(編)『越境』朝倉書店、191〜220ページ。

仲松弥秀(1975)『神と村』伝統と現代社。

南洋団体連合会(1942)『大南洋年鑑(下)』(『二〇世紀日本のアジア関係重要研究資料③単行図書資料 第30巻』収録)龍渓書舎。

野口武徳(1969)「沖縄糸満婦人の経済生活――とくにワタクサー(私財)について」『成城文藝』56号、11〜35ページ。

野口武徳(1972)『沖縄池間島民俗誌』未來社。

野元美佐(2005)『アフリカ都市の民族誌——カメルーンの「商人」バミレケのカネと故郷』明石書店。

原子令三(1972)「嵯峨島漁民の生態人類学的研究——とくに漁撈活動をめぐる自然と人間の諸関係について」『人類學雜誌』第 80 巻第 2 号、81～112 ページ。

福井勝義(1991)『認識と文化——色と模様の民族誌(認知科学選書 21)』東京大学出版会。

藤田喜久(2016)「サンゴ礁ガレ場の環境特性と生物相」平成 27 年度九州大学大学院地球社会統合科学府シンポジウム『東アジア島嶼沿岸域における広領域学際研究』報告書、6 ページ。

藤林泰(2001)「カツオと南進の海道をめぐって」尾本恵市・濱下武志・村井吉敬・家島彦一責任編集『アジアの海と日本人(海のアジア 6)』岩波書店、183～204 ページ。

藤林泰(2004)「カツオの海で戦があった」藤林泰・宮内泰介(編著)『カツオとかつお節の同時代史——ヒトは南へ、モノは北へ』コモンズ、140～157 ページ。

藤原昌樹(2002)「振興開発と環境——『開発』の捉え方を見直す」松井健(編)『開発と環境の文化学——沖縄地域社会変動の諸契機』榕樹書林、63～80 ページ。

堀信行(1980)「奄美諸島における現成サンゴ礁の微地形構成と民族分類」『人類科学』第 32 号、187～224 ページ。

堀信行(1990)「世界のサンゴ礁からみた日本のサンゴ礁」サンゴ礁地域研究グループ(編)『熱い自然——サンゴ礁の自然誌』古今書院、3～22 ページ。

松井健(1989)『琉球のニュー・エスノグラフィー』人文書院。

松井健(編)(2000)『自然観の人類学』榕樹書林。

松島泰勝(2002)『沖縄島嶼経済史——一二世紀から現在まで』藤原書店。

松田賀孝(1981)『戦後沖縄社会経済史研究』東京大学出版会。

三田牧(2004)「糸満漁師、海を読む——生活の文脈における『人々の知識』」『民族學研究』第 68 巻第 4 号、465～486 ページ。

三田牧(2015)『海を読み、魚を語る——沖縄県糸満における海の記憶の民族誌』コモンズ。

宮内泰介(2002)「かつお節と近代日本——沖縄・南進・消費社会」小倉充夫・加納弘勝(編)『東アジアと日本社会(国際社会 6)』東京大学出版会、193～215 ページ。

向井宏(1995)「サンゴ礁の草原——熱帯海草藻場」西平守孝・酒井一彦・佐野光彦・土屋誠・向井宏『サンゴ礁——生物がつくった〈生物の楽園〉(共生の生態学 5)』平凡社、169～225 ページ。

村武精一(1971)「沖縄本島・名城の descent・家・ヤシキと村落空間」『民族學研究』第 36 巻第 2 号、109～150 ページ。

目崎茂和(2001)「イノーに生きる民俗世界」『エコソフィア』第 7 号、10～15 ページ。

望月雅彦(1998)「(有)皇道産業焼津践団と沖縄漁民——戦時下『水産業南進』と沖縄漁民」『沖縄文化研究』第 24 号、129～188 ページ。

望月雅彦(2001)『ボルネオに渡った沖縄の漁夫と女工』ボルネオ史料研究室。

山田孝子(1984)「沖縄県、八重山地方における植物の命名、分類、利用——比較民族植物学的考察」『リトルワールド研究報告』第 7 号、25～235 ページ。

山田孝子(1994)『アイヌの世界観——「ことば」から読む自然と宇宙』講談社。

山田孝子(2012)『南島の自然誌——変わりゆく人ー植物関係』昭和堂。

横井謙典(1989)『方言でしらべる沖縄の魚図鑑』沖縄出版。

琉球銀行調査部(編)(1984)『戦後沖縄経済史』琉球銀行。

琉球政府文教局研究調査課(編)(1988)『琉球史料 第 1 集政治編 1、第 2 集政治編 2、第 4 集社会編 1、第 6 集経済編 1、第 7 集経済編 2』那覇出版社。

ロジャー・M・ダウンズ／ダビッド・ステア(共編)『環境の空間的イメージ——イメージ・マップと空間認知』吉武泰水監訳、曾田忠宏・林章他共訳、鹿島出版会、389～417 ページ(Downs, Roger M. and David Stea (1973) Image and Environment: Cognitive and Spatial Behavior. Transation Publishers)。

若林良和(2000)『水産社会論——カツオ漁業研究による『水産社会学』の確立を目指して』御茶の水書房。

渡邊東雄(1942)『南方水産業』中興館。
渡辺仁(1977)「人間の活動と生態――生態人類学序論」渡辺仁(編)『生態(人類学講座 12)』雄山閣出版、3〜29 ページ。
Bassett, Thomas J.(1988) The political ecology of peasant-herder conflicts in the Northern Ivory Coast, *Annuals of American Geographers,* Vol. 78, pp.453-472.
Berkes, Fikret(1993) Traditional ecological knowledge in perspective, Julian T. Inglis ed. *Traditional Ecological Knowledge: Concepts and Cases*, International Development Research Center, pp.1-9.
Firth Raymond(1966) *Malay Fishermen: Their Peasant Economy,* Hamden: Archon Books.
Matsui, Takeshi(1981) Studies in Ryukyu folk biology: Part Ⅱ Kurima ethno-ichthyology, *Zinbun*, Vol.17, pp.39-105.
Poggie, John J. Jr. and Carl Gersuny(1972) Risk and ritual: An interpretation of fishermen's folklore in a New England community, *Journal of American Folklore,* Vol.85, pp.66-72.
Scott, J. C.(1977) *The Moral Economy of the Peasant: Rebellion and Subsistence in Southeast Asia,* Yale University Press.(『モーラル・エコノミー――東南アジアの農民叛乱と生存維持』高橋彰訳(1997)勁草書房)
Tregonning, K. G.(1958) *Under Chmartered Company Rule: North Borneo 1881-1946,* University of Malaya Press.
UNEP(United Nations Environment Programme)(2006) *Marine and Coastal Ecosystems and Human Well-being: synthesis.*
United States Civil Administration of the Ryukyu Islands(USCAR)(1957) *Civil Affairs Activities Reports,* Vol.5, No.1.
USCAR(United States Civil Administration of the Ryukyu Islands)(1951) *Economic Plan for Ryukyu Islands.*

環境省報道発表資料「モニタリングサイト 1000 サンゴ礁調査の平成 28 年度調査結果(速報)について」http://www.env.go.jp/press/103650.html (2018 年 1 月 8 日取得)
『沖縄タイムス』1951 年 9 月 23 日、2006 年 3 月 19 日。

【著者紹介】

高橋そよ（たかはし・そよ）

1976年生まれ、博士(人間・環境学)、専門：生態人類学。琉球大学研究推進機構研究企画室リサーチ・アドミニストレーター。

島をフィールドとした人類学的研究に憧れて、北海道から琉球大学に入学し、伊良部島の素潜り漁師さんに弟子入りをする。京都大学大学院人間・環境学研究科修了後、米国・東西センターの客員研究員、野生動植物の国際取引をモニタリングする国際NGOトラフィックのプログラムオフィサーなどを経て、現職。現在は琉球大学に勤務するかたわら、琉球列島各地で人とサンゴ礁との関わりをめぐる自然誌の記録に取り組んでいる。

共著＝「『楽園』の島シアミル」宮内泰介・藤林泰編著『カツオとかつお節の同時代史——ヒトは南へ、モノは北へ』(コモンズ、2004年)。

主論文＝「沖縄・佐良浜における素潜り漁師の漁場認識——漁場をめぐる「地図」を手がかりとして」(『エコソフィア』第14号、2004年)、「魚名からみる自然認識——沖縄・伊良部島における素潜り漁師の漁撈活動を事例に」(『地域研究』第13号、2014年)など。

沖縄・素潜り漁師の社会誌
二〇一八年三月三〇日　初版発行
著　者　高橋そよ

発行者　大江正章
発行所　コモンズ
東京都新宿区西早稲田二-一六-一五-五〇三
TEL（〇三）六二六五-九六一七
FAX（〇三）六二六五-九六一八
振替　〇〇一一〇-五-四〇〇一二〇
info@commonsonline.co.jp
http://www.commonsonline.co.jp/
印刷・東京創文社／製本・東京美術紙工
乱丁・落丁はお取り替えいたします。
ISBN 978-4-86187-149-8 C 3039

＊好評の既刊書

カタツムリの知恵と脱成長 貧しさと豊かさについての変奏曲
●中野佳裕 本体1400円＋税

21世紀の豊かさ 経済を変え、真の民主主義を創るために
●中野佳裕編・訳、ジャン＝ルイ・ラヴィル／ホセ・ルイス・コラッジオ編 本体3300円＋税

脱成長の道 分かち合いの社会を創る
●勝俣誠／マルク・アンベール編著 本体1900円＋税

共生主義宣言 経済成長なき時代をどう生きるか
●マルク・アンベール／西川潤編 本体1800円＋税

希望を蒔く人 アグロエコロジーへの誘い
●ピエール・ラビ著 天羽みどり訳 勝俣誠解説 本体2300円＋税

「幸福の国」と呼ばれて ブータンの知性が語るGNH
●キンレイ・ドルジ著、真崎克彦・菊地めぐみ訳 本体2200円＋税

協同で仕事をおこす 社会を変える生き方・働き方
●広井良典編著 本体1500円＋税

旅とオーガニックと幸せと WWOOF農家とウーファーたち
●星野紀代子 本体1800円＋税

菜園家族21 分かちあいの世界へ
●小貫雅男・伊藤恵子 本体2200円＋税

＊好評の既刊書

自由貿易は私たちを幸せにするのか？
●上村雄彦・首藤信彦・内田聖子ほか　本体1500円＋税

徹底解剖国家戦略特区　私たちの暮らしはどうなる？
●アジア太平洋資料センター編／浜矩子・郭洋春ほか　本体1400円＋税

ファストファッションはなぜ安い？
●伊藤和子　本体1500円＋税

学生のためのピース・ノート2
●堀芳枝編著　本体2100円＋税

清流に殉じた漁協組合長
●相川俊英　本体1600円＋税

ぼくが歩いた東南アジア　島と海と森と
●村井吉敬　本体3000円＋税

いつかロロサエの森で　東ティモール・ゼロからの出発
●南風島渉　本体2500円＋税

徹底検証ニッポンのODA
●村井吉敬編著　本体2300円＋税

ラオス　豊かさと「貧しさ」のあいだ　現場で考えた国際協力とNGOの意義
●新井綾香　本体1700円＋税